U0143898

一个女大学生的心理学课堂笔记
一本心理学课堂实录

心理课堂

给大学生的50堂心理学课

周　正　主讲
程宇洁　编著

上海大学出版社
·上海·

图书在版编目(CIP)数据

心理课堂：给大学生的50堂心理学课/程宇洁编著.上海：上海大学出版社，2006.7 (2006.11重印)
ISBN 7-81058-969-5

Ⅰ.心... Ⅱ.程... Ⅲ.心理学—青年读物
Ⅳ.B84-49

中国版本图书馆CIP数据核字(2006)第063471号

策　　划　张光斌　豫　人
责任编辑　张光斌　费　乾
封面设计　孙　敏

心　理　课　堂

周　正　主讲
程宇洁　编著
上海大学出版社出版发行
(上海市上大路99号　邮政编码200444)
(http://www.shangdapress.com　发行热线66135110)
出版人：姚铁军
*
上海华业装璜印刷厂印刷　　各地新华书店经销
开本850×1168　1/32　印张8.5　字数247 000
2006年7月第1版　2006年11月第2次印刷
印数：6001~9100
ISBN 7-81058-969-5/B·011
定价：18.00元

内容简介

心理学研究的最终目的是人类生活的成功、健康与幸福。从心理学的角度体味生命，以全新的眼光为人处世，会发觉周围的世界别有洞天。

本书是一本心理学课堂实录，取自一个女大学生的心理学课堂笔记，是原汁原味给大学生上的50堂心理学课。书中50个独立成篇的心理自励故事，为心理学课一学期的全部内容，包括负性心理、巅峰感的平庸化、疾病与健康、管理心理学、爱情、意志力、盲行实验、成功要素、用人处事、人际交往和人格培养等等。

50篇笔记均配有插图，全书内容丰富，寓意深远，亲切幽默。授课内容不局限于学生，而是从“人”的立场传道授业。

录 Contents

1 心理学为你而生

一个人，被逼着做自己不喜欢的事情，自然不会心悦诚服，最终，效果、目的都会大打折扣，徒劳无功。

如果你不喜欢心理学，只是被强迫去读、去背、去理解、去运用，最后可能收效甚微，无果而终。判断事物具备价值、值得去做的标准是——有用！

所以，我的心理学课你们可以不听，可以睡觉，可以做别的事情，甚至可以不来，我从不点名。我不是你们的父母，没有必要爱你们。但是，孩子们，你们要爱自己，要知道自己花费四年的光阴、至少五万元的费用应该有所收获，学到有价值的东西，将来有所成就。有用的知识、能给你带来财富的课程要用心学习，觉得没用的、与成功无关的科目，只要考试及格就行了，我的课也一样。

有一年，北京某高校一位教授，夹着讲义，来给同学们讲《楚辞》。正讲得津津有味、兴致勃勃，忽然，一名学生站起来，问："老师，抱歉打断您的讲话，请问学习《楚辞》有什么用处呢？它对我们将来的生活、工作有什么帮助？"老师一下子就懵了，教了几十年《楚辞》，还真是从来没想过这门课究竟有什么用处。实际上，对于非语言文学专业的学生来讲，学习《楚辞》几乎毫无用处。后来，大学校园里，这门课程被取消了。

假如你渴望学有所成，假如你期待事业发达，假如你向往生活幸福，你必须清楚哪些学问是有意义、有价值、最应该深入学习的。如果一门学科对人类毫无用处，它最终只能走向衰亡。

下面，让我们沿着人类第一门学科的足迹，探寻知识留存、发展、壮大的意义。

在遥远的六千年前，古埃及产生了人类最早的学科——天文学。

在我们中原大地，农民要想种麦子，必须先松土、施肥、平地，才能撒种。但埃及的尼罗河定期泛滥，土地被冲刷得平坦广袤，洪水又带来河道上游的营养肥料，农民只需播种，便可大获丰收。谁都舍不得离开这片肥沃的土地。可是，洪水定期泛滥，也冲毁了房屋，淹没了牲畜，夺走了许多人的生命。青年人跑得快，大多幸免于难，老人、孩子很多被淹死了。人们对尼罗河爱恨交加，这可怎么办呢？如果人们能预先知道河水泛滥的时间，提前撤离，等到风平浪静再回来播种、收获，岂不两全其美？

许多人开始想办法，怎样才能预测出尼罗河何时泛滥。是不是猪跑了，洪水就来了？于是，猪跑的时候，人们也跟着跑。可是，半个月过去了，根本没出事。有人结绳记事，算着日子，过了段时间，发现总是忘，究竟今天系了没？记不清了。

最后，一个聪明的僧侣发现观看天象可以预知尼罗河泛滥的日期。他发现，当夏日某个清晨，有一颗叫做天狼星的亮星随同太阳在地平线上升起时，就在这一天尼罗河水开始上涨。几天之后，太阳升起比天狼星晚一点，这时河水就要泛滥。365 天后，天狼星又与太阳一同升起，如此往复，循环为周期。于是，埃及人认识到一年等于 365 天。埃及的僧侣们为了更准确观测天狼星的出没，建筑了高耸的神殿，殿内有一条狭窄的长廊，朝向天狼星出没的方向，黑暗的长廊遮蔽了早上的阳光，使天狼星观察得更清楚。经过长期的观察，他们终于发现天狼星与太阳携手升起的周期不是 365 天，而是 365 1/4 天。这样，埃及的年历就更准确了。马克思说："计算尼罗河水的涨落期的需要，产生了埃及的天文学，同时又使祭司等级作为农业领导者进行统治。"

深奥广博的天文学诞生了，而发明它的目的仅仅为了一个字——吃。为了获取更多的食物，保障农业生产，远离灾难，生活富足。由此看来，做任何事情都是有目的的，知识一定要有用才能存在、发展、传播。在南京，曾出现过一名博士沿街乞讨的情况，可见，学习并不是最终目的，知识并不一定能带来财富；学问没有用处便毫无价值、毫无意义！

天文学的初衷是为了吃饭，那么，心理学诞生的目的是什么呢？它能给人类带来什么价值呢？

1879年，冯特在莱比锡大学建立了世界上第一个心理学实验室，这标志着心理学的正式独立。心理学是研究人心理现象发生、发展规律的科学。良好地应用心理学，可以在不增加人力、物力、财力的前提下，提高生活质量，发挥人的最大潜能。

跨越漫长的20世纪，今天，在经济发达地区人们的物质生活充裕起来，开始寻求更完善、理想的生存状态，对心理学的需求也就愈加突出。例如：在美国，所有大学中的所有课程都可以任意选修，唯有心理学课是必须要学的；美国有许多职业心理医生，普通百姓定期约见私人心理医生已经成为很常见的事情了；美国前总统克林顿受弹劾期间，唯一必须做的事情就是与自己的心理医生进行沟通、交谈；英国王妃即位后，要公布三大事宜：一、她的心理医生是谁；二、她的私人律师是谁；三、她的慈善基金会有多少捐款。可见，发达国家较之发展中国家更重视心理学的应用。经济越发达，需求层次越高，人们就会对心理学的研究更深入，应用更广泛，同时，收效、利益也就更大。

在中国，心理学虽然起步较晚，但一旦接触它、了解它、将它融入生活加以运用，便会领悟它的独特魅力，犹如发现珍宝一般。若不运用心理学的规律，人类三分之一的幸福将永远不会降临，三分之一的痛苦也永远无法释怀。

心理学就像电视、手机、互联网，没有的时候，生活依旧，波澜不兴。回顾过去，我们没有电视、手机、互联网，还是照样生活，没觉得有什么不便；现在，这些东西围绕在身边，我们也没觉察出更多的优越感。可真要拿走它们，不能再使用，许多人就会感觉不自在，甚至捉襟见肘。没有心理学的时候，日子照旧过；走进心理学，再深深感受到它的百般好处，就很难离开它了。

记住：心理学研究的最终目的是为了人类生活的**成功、健康、幸福**。因为有用、有价值、有意义，所以，它必将长久生存，不断更新、发展，服务于人类社会。

心理学——为你而生，只要你愿意！

男人、女人，孩子、家长，学生、老师，农民、商人，甚至市长、省长……我告诉大家：心理学——为你而生，只要你愿意！

2 出人头地 做人第一

在座的都是普通本科院校的学生，为什么你们考不上重点大学，考不上北大、清华？不是你们自己不努力，是录取比例的原因，让你们来到这儿。要合理归因，不是你的原因就不要归罪于自己。95%的人考不上重点大学，做不了人中“豪杰”，压根儿不是你自己的原因。习惯于把所有原因都归咎于自己，时间一长你就搞不清哪些事情是真正因为自己才发生的。

我们现在的教育是单一的教育，过分强调榜样的效用，而在5%的范围内，这和个人努力是没有关系的。如果现在考大学比的是少林拳、双节棍、青龙燕月刀，那么台下听课的就应该是张飞、赵云、鲁智深，而不是你们。

当某种事情的发生在5%的范围内，那就是自然概率，与个人无关。而现在浮躁的教育不关心人的培养，只关心如何出人头地，只关心眼前的利益，什么英语四级、专业八级、计算机“十二级”……只追逐各种各样的证书，而缺乏理性思维。这种浮躁的心态导致我国一系列的问题出现，离婚率、自杀率、犯罪率、某些疾病的发生率在世界范围内都是居高不下的。

北京、上海 35 岁以上的人群中，高血压的发病率是70%——也就是说，如果你不是，你左右两边的人就一定是；而世界高血压发病率的平均水平是 1%。这种地方，你去不去？

宁肯是高血压也要去，也要争前三名。不是世界妖魔化了我们，而是我们妖魔化了自己。

很多痛苦来源于此。处处要求自己比别人高，什么都想要争第一，希望自己全面发展。于是，出现了头痛、失眠、烦躁、焦虑、郁闷……却不知原因何在。你占不了，还想占；心思有，做不到。

很多人认为21世纪是知识的世纪，什么做人不做人呢，根本顾不上。单词重要，还是生命重要？学习重要，还是披肩发重要？家长们总在语重心长：小学是打基础的时候，千万不能贪玩；中学是通往大学的关键时期，不可荒废；上了大学更要抓紧，为了有个好工作，孩儿啊，你就把大学4年当作4年监狱，毕业就好了……

不少人感觉到退休之后才真正悠闲下来，可是，20岁周游世界和六七十岁才开始欣赏美景有着本质上的不同。你去校园的共青湖边取一枝垂柳，弯上几圈，3分钟后放开，会马上恢复原状；你若绑住它，到毕业才放，还能再直吗？你们已经被捆绑了十几年了，能不能恢复，很难说了。

你们太想出人头地了，许多大学生选择了考研，到名牌大学继续深造。社会上还就大学生该不该考研这一话题进行过激烈的讨论。我的观点：首先要正确认识，合理归因。不能由于单因素而轻易地做出决定。例如：两位大学生，一个好好学习、考研，一个在科技市场闲逛；起点不同，要看你的目的。如果你想搞研究、当教授，你就去考研。到底考不考研？我们的目的是过上好日子，不是为了争口气。

我是这么理解的："知识改变命运。"——这是罂粟花一样美丽的谎言。比尔·盖茨、戴尔、松下、李嘉诚、蔡万霖……没有一人是大学毕业。哈佛大学研究表明：知识在人的成功因素中只占20%，而其他各种素质占80%。什么是素质？除去所有的知识，余下的就是素质。一个人上学，上到30岁博士毕业，假如是个男孩，一直待在学校到 30 岁，差不多废了。男人不能没有闯荡的经历，不仅要读万卷书，还要行万里路，交万人友，方才成万年业。那么，考研与否，标准是什么呢？

钱！家里是不是急着让你挣钱。女孩子可以先结婚，再回头读研究生，然后生孩子，安心工作。但如果没钱，要上学父母就必须辛苦地工作，兄弟姐妹为你节衣缩食，你的学费压缩了家庭的生活费；你上 7 年学，而让你的家人过得凄凄惨惨，毫无幸福可言。为什么要牺牲全家的幸福，只为了上学呢？现在硕士都不要了，等你们毕业了，只要博士；读完博士，又只招留学博士。不要把自己的生命依附在别人的选择上！

如果有钱，读读书当然好，毕竟中国需要高级知识分子，但不要以抵押生活质量去读书。对事物要全面地去判断。

要树立人本主义思想，把自己当人看，把别人当人看。孔子曰："人人为人，一人不为人。"人的定位是个不高的定位，不要以学习、名次来衡量。我推荐一位成功人士——中国进哈佛讲课的第一人，北大、清华，包括我，没有一人，除了张瑞敏。张瑞敏讲："什么是不简单，就是持之以恒地做简单的事情。""日日清，日日高。"心理学讲：简单化，然后坚持，所有的成功都是不断的重复。爱迪生寻找灯丝的材料试验了 1 200 次，Keep trying! 最后找到了竹丝。假如什么事情你不准备花费 10 年，那干脆开始就放弃。不要嫌简单，所有的成功都是不断积累的结果。

大学期间我主张做三件事：1. 读 100 本书，并不一定都逐字逐句读，但要有所涉猎，这就像扎根，根深才能叶茂；2. 背好单词，学好英语，关键是积累，再好的方法也得积累；3. 别挂科，拿到毕业证，知识学得够用即可。当今，绝大多数富翁读的是国家普通中学(或免费学校)，靠诚实劳动发家。美国 350 万百万富翁，差不多半数人上学时经常不及格。你们不要以为学习好才有出路。做好这三件事你的大学就没有白来，你就是个成功的大学生，任何时候都不晚。

上帝给你A就不给B,给B就不给A,不给A一定给B,上帝给所有人都是一样的。人人生而平等。有人过不好,是因为给了A,不想要A,非要B,不守自己的本分。学习好的、不好的,都有出息,各有各的命,命里是一般本科即非北大、清华,认了就过得好,不认就郁闷。为什么不把自己当作亲娘生的?每个人都是亲娘生的,不是清华、北大的才是栋梁。

那么应该怎样做呢?

做人要找到自己的优势,保持发挥优势。大学4年内找到是万幸,10年内找到是幸运,20年找到还行,40年还找不到,你就完了。成功不在于你上不上大学,而是你有没有找到自己的优势,越是什么都去抓,越是活得不好。假设你是修脚的,你修到全国第一,市长找你,省长找你,克林顿找你,你修一次脚,一年都不用工作了。假如饮料厂的厂长想让你在省长面前说句好话,就得送两车饮料来,到时候你说:"可以啊,饮料放这儿吧,车也留下吧。"

优势能把自己所有的劣势都带动起来,要允许自己在某些方面比别人差,理性地让出一部分。画100个方格,10条横线,10条竖线,如果能力有100种,你的优势有5种,不如别人的会占95%。太多的人一辈子都不知道我们将95%都不如别人,你想什么都比别人强,累死你,你疯了都没用。那就让出95份,不让出95%,你就不知道你的5%何在。这个不行,让;那个不行,也让,怎么让都让不出去的,就是你的优势。《论语》讲:君子无所争,君子有所争。我再加两句,无所争者九十五,有所争者五也。

可是,如何寻找优势呢?

我提两条:1. 回顾历史,回头看,如果你发现自己卖饼干95%都卖不出去,而每到卖袜子,逢卖必光,你的5%就是卖袜子。2002年世界科学大会宣布,我们对世界的了解能有1%就不错了,不要跟自己的命、优势作对,不要争气,要为未来、前途打算。只对优势产生兴奋点，办不成的事全部忘记，不用考虑。2. Keep trying！上大学就是来丢人的。现在 Keep trying，不牵扯金钱、事业；不在大学丢人，就在社会上丢人；大学可以不负责任，社会要付出代价。

王登峰提出“巅峰感的相对平庸化”，怎样允许自己比别人差呢？他说：大学时期诗朗诵，我选不上。我练小提琴，同学们都把耳朵堵上。有些事情永远都做不成。工作后，我把“诗朗诵”、“小提琴”请来，和他们打双升，让他们钻了一夜的桌子。我不比劣势，只比优势，没有伤害地“报了仇”。32 岁的北大团委书记还有缺陷，还不得不认，更何况你们！

出人头地——不比劣势，只比优势

允许差距的存在，才能有所成；有所不成，才能有大成。

3 成功,有秘籍吗?

今天,是心理学中很重要,也是使人印象很深刻的一课。刚上课,我就将一本 8 开巨著高高举起,微笑地望着教室里所有的孩子们,声音庄重地开始传授机要:

教了你们这么久,我们天南海北的几百人相聚在一起也算是缘分,看在师徒一场的情分上,今天就把我祖传的秘籍宝典和盘托出。这里有一本画册,封面印着三个酒瓶,每瓶酒的标志里都暗藏了一些字母,总共 26 个。待会儿轮流传看,但只准凭第一感觉,你们看到什么就记录下来。你可能看到全部的 26 个英文字母,也可能一个没看出,或者发现其中的几个,都没有关系。我会根据看到的,预测你们的前途、命运和未来。

话音刚落,台下就骚动起来,“真的吗? 太神奇了!”有些人甚至站起身来,瞪大眼睛,投射出渴望贪婪的目光。

“现在,谁来说说自己看到了什么?”

一位女同学站起来,想试试运气:“我看的是 L、E、F 和 D。”

我来预测一下你的未来。L 代表 Love,表明现阶段你十分渴望爱情;E 说明你的爱情在西方,像 England 这些西方国家;F 即 Far,暗示了它的到来还需要很漫长的时间;最后一个 D 是说你将来的丈夫可能年龄比你大很多,似乎可以达到 Dad 类长辈的年纪。这只是从你所观察的资料中得出的结论,潜意识里你是这么想的，只是你还没有注意到，或者不想承认，但命运的安排是迟早都要发生的。天意如此，信不信由你！

女孩子默默地坐下，好像在想些什么，一副忧虑的样子。

同学们更踊跃了，纷纷举手发问，有人直接喊："P 代表什么，B、M、Y……"

我在讲台上没有作声，只静静地听。继而，忽然开口："同学们，你们觉得刚才我给她预测得准确吗？你们有没有意识到什么？你们看看，我像不像骗子？"

偌大的讲堂霎时之间安静下来，须臾后，大家爆发出一阵阵哄笑，几百人无一例外，竟然都上当了，还争先恐后、深信不疑。

孩子们啊，你们太浮躁，太急功近利了，区区几个字母就能决定你们的命运？为什么会上当，因为你们时时刻刻准备受骗，渴望受骗。当然，你们不知道这是个骗局，因为我告诉你们的师兄师姐要共同保守秘密，看来他们做得都很好。我在财院教了十几年书，年年"行骗"，年年成功，明年还会这样，希望你们也能守口如瓶，让所有人都补上这一课。

人的前途与命运是根本不可测的。你们的思想里有太多虚妄的成分，不重视脚踏实地的努力，更想改变不可改变的事实。为什么一个初中文化水平的人轻而易举就骗了几个大学教授？为什么没上过学的农民可以拐卖高学历的女研究生？心理学家发现：当一个人内心浮躁、冲动，有强烈的愿望，做事情想一蹴而就，就容易上当受骗。许多人对现状不满意，有人嫌自己个子低，吃什么增高药；有人考不上大学，买什么补脑"神药"；有人希望长得更漂亮，喝什么口服液……相信所谓的奇迹，相信神医妙法，凡此种种，正迎合了骗子的意愿。你想要什么，我就给你什么，你想改变的越多，我越是求之不得。在骗子行骗之前，你首先给了他一个坚实的基础和安全的温床。

在武汉发生过这样一个故事：市民发现，深夜有一男子经常赤身裸体在武汉的大街小巷里跑，不偷不抢不骚扰百姓，只是跑。人们很奇怪，怎么回事呢？就到公安局报了案。警察精心布置终于把他抓住，一问才知道，竟然是个大学生。惊奇之余，深究下去，大学生为什么夜里不好好在宿舍待着，跑到街上裸奔是何故？男子不好意思地道出原委：只因从小个子矮，被人瞧不起，上了大学仍然受到同学们的嘲笑，心里很自卑，四处找了不少办法，吃了许多增高药，却始终不见任何效果。近日他在一本杂志上看到增高秘方，长不高是因为身体受到束缚，骨骼不能自由伸展，长时间便形成身材矮小。只要卸去衣装，让身体紧密地亲近自然，加以适量运动，就可以使身高有新的突破，达到理想的身材。白天人多，我只好趁夜深人静，脱光衣服，在街上跑步。那效果呢？没跑到一个月，还不知道。众人听罢皆笑，就算跑十年也是徒劳啊！

大家现在听得津津有味，心中或多或少都会认为那位仁兄实在是有点傻，觉得很可笑。可是，刚才你们不是和他一样吗？甚至更热衷，一心一意想找到前途命运的捷径，急功近利想一蹴而就、一夜成名，要是真有那样的仙方，不用你们去，恐怕我得先走，早就不在这儿讲课了。浮躁的心态会使我们陷入不愿努力，坐等成功的境地，只能终生一事无成。生活中，95％的成功都是一点一滴积累的结果，天上决不会凭空掉块馅饼，还正好掉进你的嘴里。

许多时候，我们是等着被别人骗。经常听到女人问男人：你是不是只爱我一个？如果这是一个正常的男人，他一定也只能答：是！从前，一名白种男人来到印第安部落，受人陷害被污蔑是间谍，马上就要受到处决。和他朝夕相处的酋长的女儿欲将他放走。他说："或者你跟我一起走，或者我不走。"那柔弱的女子望着他的眼睛，问："你真的爱我吗？我跟你走了会幸福吗？"男人扶着她的肩膀说："现在，我说什么你可能都不相信；跟着我，你才知道。"这句话远远胜过无数花言巧语，女人跳上马背，义无反顾地和男人离去。

许多时候，我们是等着被别人骗。
经常听到女人问男人：你是不是只爱我一个？

经常有家长问我："周教授啊，您是心理专家，看人看得准，您看我的孩子能考上北大、清华吗？"我说："不能。"他们受不了打击，怎么能这么说呢？大家想想，北大、清华一年在全省才收几个人！10 000个人来问我，我都答"不能"，最后可能只答错了一个，9 999个人都得来谢我。你们以前也都怀有这样的梦想吧，记住：北大、清华对我们是一个永远的骗局。

因此，不要幻想不可能的事情，踏实认真、务实努力才是成功和幸福的关键。世界上，有许多事情是注定的。不和自然作对，不和命运作对，上当受骗的机会就减少许多。

其实，谁都知道，这个世界上没有未卜先知，命运也不是几个字母、几条掌纹能够预测的。真正的未来是靠我们脚踏实地，一步一步走出来的。

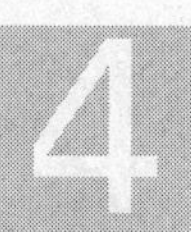

一人不为人　人人才为人

二十年来，我在大学校园里讲心理学课，常常问到三个问题：

“同学们，你们上学、读高中的目的是什么？”

“考大学。”历经任何时候、任何地点、任何对象，大家的回答都是相同的。

再问：“你们努力学习是为了考上哪所大学？”

“清华、北大。”几乎中国所有的学生都会这么答。

最后一问：“你们希望自己每次考试都得第几名？”

“第一。”这的确是家长、老师共同的心愿。

可是，当“第一”真的好吗？这里有几个成语，我们来看看最后的结果如何。

才高八斗、百里挑一、鹤立鸡群、天资聪颖。

“才高八斗”是谢灵运对曹植的评价：天下文才不过一石，曹植独占八斗，我谢某尚得一斗，剩下一斗，由天下文人共分。曹植可谓卓尔不群，却落个英年早逝的下场。我们以为才高八斗的人会赢得成功、财富和地位。但实际上，假如一个男人才高八斗，学识超群，他经常是“怀才不遇”。

假如一个女孩子长得相貌出众，百里挑一，她会很骄傲，别人也会很羡慕。可历史上流传的这些女子往往是红颜薄命。

一只鹤站在一群鸡当中，猎人看见了，会先打哪只？

百里挑一、鹤立鸡群，结果如何？

一个孩子天资聪颖，6 岁会说三国外语，10 岁精通高等数学，15 岁大学毕业，这个人长大后会怎么样？少年班的一个孩子 15 岁大学毕业，分配到某单位上班，第一天，大家都很好奇，来得很早要看看这个神童长得什么模样，一直等到 9 点还不见人来，派人到宿舍一看，他正坐在床上发呆，问及为何不去上班，他竟说："没人给我系鞋带啊。"不会系鞋带可以不穿鞋去上班，他已经精神分裂了。

从小，家长、老师就谆谆教导我们：要考前三名，要上重点大学，要超过别人。巅峰感、优越性成为我们生活追求的主体目标。现在，很多人有这样的定位：我怎么能考到非重点院校？复读吧！每年有很多考到普通本科院校的学生选择了复读，第二年再考重点。有人复读了 8 年，非清华不上，非要争这口气。是父母、老师害了他们，让他们认为做人就要做最拔尖的。1996 年，全国有 60 个状元，北大收了 31 个，其中，6 个人进了一个系，4 个人进了一个班，3 个人进了一个宿舍，原来的全省第一变成了宿舍第三，心里就不是滋味了。换个角度思考：一个班 50 个孩子，你考了前三名，就得把别人挤下去，后 47 名是不是很难受,你让别人难受,你是什么样的人?大家谁都不顾别人,谁都不服谁,所有的人都变成极端的恶魔。

有一年,一名女大学生因为同寝室好友当选班里的学习委员,把她挤了下来,竟然趁无人之机将好友的被子剪得粉碎。"人本心理学之父"马斯洛称之为超越性病症,即灵魂病。人们忘记了他们最基本的生存、发展的需要,在生理、安全、爱没有实现之前,就开始寻求第四层虚妄的自尊;超越了前三层需要的努力,这将成为空中楼阁。这些人将永远生活在尔虞我诈之中,形成不信任他人、不关注任何人的病态。

全世界都反对"争第一"。北大党委副书记、心理学博士王登峰在给大学生的一封信中,提出"巅峰感的相对平庸化"。上大学之后,很多同学发现自己变得很平庸,巅峰的状态消失了,适应起来很困难。解决这个问题最根本的办法就是要真正了解自己。

比较心理学研究发现:人出生以后,他的精力、能量、心跳次数,甚至卵子总和都是一定的。过早用完,就没有潜力可挖。比如一辆宝马汽车,至少能跑 50 万公里,你得开始跑 60 公里/小时,慢慢加到 100 公里/小时,最后可以开到 200 公里/小时,性能良好。假如你开始就让它跑 200 公里/小时,可能跑 5 万公里、10 万公里,车就废了。我们的成就和时间有一个极限,小时候发挥得太出色,长大就可能缺乏后劲。因此,人的高峰应该出现在工作以后。在学校里争第一,是最傻的,特别是女孩子。一旦得了第一,老师看重她,让她当班长,平时会教导她:"小燕啊,你可是班长啊,别的同学上课说话你可不能说;别的同学不守纪律,不好好学习,你可不能这样。"时间长了,她就只会上课认真听讲,遵守纪律,考试名列前茅。等上了中学、大学,男孩子的成绩超过她的时候,她就会全盘否定自己,从此,一落千丈。

一生中,我们能做的事情非常少,能做好的就更少了,所以不要指望自己在所有方面都比别人强。贝多芬不会因为打拳打不过阿里而感到自卑，因为他的价值不在于拳头，而在于为人类留下了许多美妙的音乐；阿里也不会因创作不出乐曲而感到自卑，他的价值在于拳头。大学是全国优秀青年的聚集地，每人都具备许多优点，即使是硕士、博士、专家也只是在某些特定领域有所专长。我们应该把有限的精力放到某一具体问题上，用不着为与自己无关的问题徒伤脑筋。

人的精力是个定数，如果全用来读书，就不可能在别的方面有大成就。比尔·盖茨、李嘉诚、松下等等都不是大学毕业。他们精力的巅峰出现在创业、工作中。上帝是公正的，上学期间不争第一，在工作以后达到高峰，你的财富、地位、事业才是最具优势的。

你们要庆幸自己没把精力放在前面。要把自己的能量用在该用的地方，珍惜自己的能量。不要倾尽心力来考第一，60 分、70 分就可以拿文凭，非要考 99 分拿文凭，谁傻？很多人厌学、忧郁、焦虑、失眠；对异性、对找工作不感兴趣，都是因为能量提前用完了。我们的目的不是为了读书，不是为了考第一名，我们的目标是为了成功、健康、幸福地生活。要像李嘉诚这些名人一样，该争的争，不该争的就放手。

古代，中国讲：仁、义、礼、智、信。一人不为人，人人才为人。美国《独立宣言》强调：人人生而平等。现代中国的家长教育孩子却是：要学习好，当班长，不玩耍，守纪律，只学习，只准考前三名。实际上，成功不在于你的成绩，而在于你的优势。正如马斯洛所说："年轻人本质都是非常好的，社会却逼着他们时刻在进行选择：是领先，还是落后？是离开现实，还是融入现实？"马斯洛回答："这种问题是没有意义的。领先与落后，现实与虚幻都不可能拯救年轻人，真正能使年轻人走向成功、展示自己的是'充分成为他们自己'。"就像花朵不能都开成玫瑰的样子，不要在玫瑰的标准下将全世界的花朵进行比较，我们需要每朵花都开出自己的芬芳、自己的颜色，开在自己的季节中，自己的土壤上。老子讲:“自然的才是最高级的,人为的都是次等的。”世界上就应该有人修脚、有人当老师、有人搞农业生产,每个人都找到自己的优势,世界就和谐了。

上大学,你们首先要认清自我,了解什么才是最有价值的,和成功有关的学科就多关注,多学习;争取在四年内找到自己的优势,不要只在考试上领先。

但凡抱着“不平凡、争第一、做最好”的态度,对理想追求过高,一旦理想得不到实现,就会导致精神崩溃,这在根本上不能算是人本主义教育。我们所有人都应该有平凡的意识,无论何种地位,不平凡的只是优势、能力、学识、机遇,但必须保有一颗平凡的心。

“无聊”的大学，有趣地过 

刚上课，就有位同学向我提出这样一个问题：“我原本不想上大学，只是为了不让父母失望才来的，那我的大学该如何度过呢？”他的话音还没落，立即就有很多同学鼓起掌来，看来这个问题非常“深入人心”。

“这是一个很典型的问题，谁来帮他出出主意？”我没有直接回答他，而是把问题抛了出来。

一位同学站起来，说：“我认为大学并不只是以往学习过程的延续，你应该从中找到乐趣……”

那么，你找到乐趣了吗？

“我没有。”

大家都笑了。

这是一种教育的口吻：说“有乐趣，你得找”，那你有吗？“我没有，但是一定有”——你说出这句话来谁信哪？你都找不到，还让别人找?！我讲过“立已立人”、“已所不欲，勿施与人”。

“我很感谢这位同学提出这样一个问题，让我可以显示一下才能，先问你几个问题吧。”我走到那位提问的男孩儿旁边，把麦克风递给他，“你不愿意来财院对吗？”

“对。”

“假设你现在考上了清华、北大，你愿意去吗？”

"……您这个假设是没有意义的,我现在就在财院,我不想要假设,我只想知道我现在该怎么办。"

我并不介意这个有些敌对的答复,"最后,还有一个问题——你只是为了父母才选择继续上学的吗?"

"是的,我一直没有辍学,就是不想让父母失望。"

"坚决为了父母牺牲自己?"

"对!"

"好,我明白了。"我已经从这位同学的回答中找到了答案:"下面,我来讲几个原则。"

第一,快乐的秘诀,不是做你喜欢的事,而是喜欢你所做的事。人类的历史,无论过去、现在、未来,将永远是这个法则。——快乐的秘诀,不是天天朝思暮想着章子怡,而是珍惜你身边的女朋友;不是想着吃不到的龙虾,而是品味正拿在手中的烧饼——快乐的秘诀,是感激、是悦纳。

第二,重视现在。其实,这个同学刚刚已经说出来了,只是他自己也没有意识到:我问他要是考上清华、北大去不去,他说过"不要假设",因为假设就是假设,不会是真的,是没有意义的——心理健康十大原则之一:重视现在。所有过得幸福快乐的人,都是"重视现在"的人。

第三,弗洛伊德的人格理论。弗洛伊德把人格分为三类:本我、自我、超我。

- 完全以本我行事的人,孩子气、不成熟,仅凭心愿生活:我想怎么样就怎么样——这是不可能的,谁都不能仅凭心愿生活,你想谁谁就跟着你?那不乱套了!
- 单以自我行事的人,表现为自私自利,以自我为中心:别人怎么样,那我不管。
- 仅以超我行事的人,是殉葬者——自己怎么样都行,只要别人好。这位男同学其实就是在做殉葬者,父母让上学我就上学;等到毕业了,父母在老家给找了一个媳妇儿,不管自己是否已经有了女朋友，也就要老家的那个了……这样的男生内心非常柔软，非常女性化，没有自我——现实生活当中，超我占主导的更多的是我们的父母，为了孩子，他们可以一直做牺牲。

弗洛伊德把人格分为三类：本我、自我、超我

道家有一句经典："道生一，一生二，二生三，三生万物。"凡事有三。人格的三个方面也是不能割裂开的，任何只以其中一条生活的人，都将与成功无缘。

当然，我们分析问题不是为了分析问题，而是为了解决问题。下面，我写几种人，你们来猜猜看，哪一种人更需要有超强的心理素质……

大家目不转睛地看着黑板上移动的字迹：学者、科学家、商人、军人、政治家、工人、农民……超强的心理素质？科学家？政治家？许多人莫衷一是。

还是我来讲解吧：对军人而言，你领十万人，我领十万人，明天就得死十万人，看本事吧——没本事，死的十万人就有你。这里要的是综合素质、心理素质，是挑战。所以，军界的人是最强的。商界也是如此，投入两亿元，三个月以后，可能血本无归、家破人亡，我干不干？——要的是同样的素质。政界就不同，他可以调整、回返，政策不行可以再改，是可以来回的，但要负责任。而学术界，一次不行两次，两次不行三次……永远不行都可以，像我——我一点儿都不着急，因为与我无关；我什么都可以说，因为我可以不负责任——学者可以这样，而你们呢？我曾跟你们算过，你们上大学要花至少五万块钱、四年青春，我会比你们更珍惜你们的钱吗？我会比你们更珍惜你们的青春吗？你们要知道自己该做什么。

我们来看看他们是怎样做的？有谁知道商人最信奉的生财之道是什么？——什么能生财呢？

“和——气——”五百多人异口同声。

对，和气生财。从来没有听说过：认真生财、勤奋生财、学历生财、知识生财……没有吧。用现在一个最流行的词汇，叫做——

“双——赢——”同学们的积极性被调动起来。

对，就是“双赢”，戴尔本来也是不愿意上大学的，父母非逼着他上，他就选择了一个“双赢”的方式：从进大学开始一边上学、一边装电脑，规模大了一些以后，就租房子、招工人——当然，这一切都是他自己悄悄干的，一直做到自己注册公司。大一的那一年里戴尔干了这么多事，到学期期末他给学校递了份休学报告，从此结束了他的大学生涯，因为他知道他的“明德”不在学校、不在学习，但他的本我又是十分善良的，不愿伤害父母，所以悄悄做自己想做的事。等到戴尔的父母也说：“听说戴尔电脑不错，要不咱也换一台？咦，怎么和咱儿子同名儿啊？不会就是咱儿子吧？问问他？”一问果然是，“你不是在上大学吗？”“我早就休学了，我们学校的毕业生都在我公司里面打工呢。前一段校庆，捐了五十万元，学校给我做了一个铜像还立在大门口呢……”——这个时候，他的父母还怎么会失望啊！你们的大学生活也可以“双赢”，就看你们的选择了。

“这位同学，”当我再一次走向那位提问的男孩儿，问他，“我想知道你现在的感受。”

“我想我会照着做的，谢谢您！”

热烈的掌声响起，看来，我的答案还令人满意。

遇到狼就变成狼

碰上一群狼，第一反应是什么？

有人说跑，有人喊打。

可是，稍微有点儿野外生存常识的人都知道：遇到野兽，首先最不能做的就是转身。狼知道转身逃跑的人一般是生命力比较弱、最怯懦的，它第一个咬的就是你。如果你只是倒退，而不转身，它看了或许会说：行，这个人可以，有点儿胆量。

生活中，我们遇到的麻烦事就像狼，很多时候并不是它咬了你，很有可能是你先做了转身逃跑的动作。

"跑"，是逃避，反映在人格上，就是具有逃避性。假如，公司里选拔留学深造对象，六个名额，加上你一共七个候选人，领导一看名单，想都不想就把你排除了，因为大家知道你凡事都不争，平时怎么样都行："行行行……这样行，那样也行……"你最好欺负，删了也不会有意见。人善被人欺，等到评职称，还是没你的份儿。所以，善良不是最终极的品质。我们不能什么事都让！机遇来了——让！财富来了——让！地位来了——让！除非你疯了。

看看我们的民族，逃避性到了什么程度。大家竟然都推崇《渴望》里的刘惠芳，忍辱负重、委曲求全，不惜牺牲个人幸福，连自己的男朋友都能让给别人！最基本的东西能随便让吗?!

也有人消极对抗:“遇到狼,还不如不动,被直接吃了省事。”这些都是行不通的。

一只狼扑上来,第一反应应该是什么呢?勇敢的人不转身、不后退,直接用手挡。你抬起手臂,狼一下子咬住它,鲜血直流;猎人会立即抽出藏在靴子里的短刀,一刀扎向狼,也许会负重伤,但可以活下来。可是,真的是碰上一群狼,好汉架不住狼多,打的结果只能是壮烈牺牲。

但打是最有效的。假如一个父亲对儿子说:“小明,去给我倒杯水。”——“不去。”父亲有点不高兴了:“你倒不倒?”——“我正看电视呢,不去。”这下真的发怒了:“你到底去不去?”说着抬起巴掌,就要打。——“我去,我去。”孩子急忙跑去倒水了。父亲发现打最管用,而且屡试不爽。等到孩子长大了,父亲老了,发现儿子不孝顺,不赡养父母,从某种意义上讲,是咎由自取。将来儿子对孙子照例说:“二明,去给我倒杯水。”……你们祖祖辈辈都会是这样。

管理者常说的一句话就是:收拾他。碰上一群狼,能打吗?打的结果只有一个,就是你被撕吃了。我们的最终目的是:成功、健康、幸福。

就算你英勇:我不怕,狼来了,我就跟它斗,大不了被撕吃了,我这个人就是不怕死。当然你可以带着自信去斗,但你的家人呢?你的母亲会充满自信地看你去死吗?你的妻子会流着幸福的眼泪看你被狼撕吃吗?我们不要这样的英雄!我们不能对着干,打、斗是没有出路的。

希特勒打下整个法国,只用了一个多月,算是很厉害的。最后却落得个自杀、被焚尸的下场。你有没有希特勒厉害?你可能风光一时,控制一个地方,但最终会为“打”所累。打,意味着对立,而对立是永远站不住脚的。历史上所有以斗争方式解决问题的,没有一个有好下场。我们要明确来到世上的最终目的,是成功健康幸福地生活。所以,永远不要斗。

著名经济学家茅于轼先生说:“我们发展得慢,就是因为我们的动作太快。遇到麻烦,第一就是对着干。”

真正聪明的就是我们党提出来的和谐。

过去,马克思、列宁和毛泽东格外重视对立面的斗争反映了时代和无产阶级历史使命的需要,是完全必要和正确的。但长时期向对立面斗争性倾斜容易使人们形成一种思维惯性,即习惯于从对立和斗争的视角来思考问题,不重视对立面同一的作用,不善于从对立面和谐的视角来化解矛盾,推进事物的发展。

一个男人要想在三四十岁以前有所作为,就要以和谐为本。在这方面做得最好的,是海尔的张瑞敏先生。中国到哈佛讲学的,北大、清华,包括我,没有一人,唯有张瑞敏。他曾经讲过这样一个故事:有个日本商人做微波炉生意,当年要进入美国市场的时候,调查发现——美国人啊,凡事喜欢大,喜欢大车、大冰箱、大电视、大房间、大宅子……于是他就把微波炉也做得很大。结果,真的很受欢迎,赚了很多钱。后来,有一个贵妇给自己的宠物洗澡,洗完以后,想起了微波炉,说明书上说:用于加热。她就把爱犬塞进去了,后果可想而知。贵妇和爱犬感情深厚,这下可不愿意了,将这位商人告上法庭。要是在中国,谁都会认为这个贵妇很愚蠢,怎么不动动脑子呢?可说明书确实没写不能给活物加热。最终,美国的法律判她胜诉,令商人赔偿损失,还是一只名犬,可把他赔进去了。那位倒霉的日本人最后做出总结:美国人不是人,更像是狼,思维就是这么直接。你要想进军美国市场,就得先变成狼,用狼的脑子来思维,用狼的方式来做事,遇到狼就变成狼。

生活中,谁也免不了要遇到各种挑战、压力、麻烦,这个时候正如遇到了一群狼,我们到底该怎么办呢?——不逃避、不对立。遇到狼自己先成为狼,用狼的眼睛看,用狼的思维想,与狼和谐共存。

和谐可以使你拥有事业、财富、地位、幸福……和谐之中一

用狼的脑子来思维，用狼的方式来做事，遇到狼就变成狼

切皆有可能。

变成狼，你会看到一个不一样的世界。人们发现哺乳期的母狼曾哺育过被其他动物遗弃的幼崽，甚至人类的弃婴——却没有哪一个人类的母亲用自己的乳汁喂养过其他动物。从这一点来看，狼似乎更有爱心——变成狼，你会爱上它。

遇到“狼”，有“变成狼”的态度，你将会成为这个世界上游刃有余的人。

7 心无序，事无序

物为心之外化！

曾宪梓是知名品牌——“金利来”的老板，他招聘员工的时候有一个怪招数，后来被许多外企效仿。

主考官坐在办公室里，外面大厅等候着众多应聘者，从大厅到主考官那里有一段长长的走廊，每一个人都拿着主考官发的试题认真准备。然后，听见里面有人喊，“22 号，请进来”，你很兴奋，拿着试题就往里走，刚到主考官面前，没说任何话、没做任何事，就被通知：考试已经结束了，你不合格。因为公司悄悄在走廊上撒了些碎纸、杂物，又在旁边放倒了拖把，凡是能把纸片捡起来放进垃圾桶、把拖把扶直的人，可以继续参加考试。如果你没有这样做，无论是硕士、博士，还是哪个名牌大学毕业的，他们都不要。

曾宪梓认为：细节最能考察出来高贵的品质。如果一个人内心有序，他做事情也会有序。他的仪表、着装、外貌、言谈举止都会表现出来，我们所能观察到的一切就是他的内心。如果一个人觉得乱七八糟很正常、很自然，就说明他已经习惯于乱，正常于乱，他的常态就是乱。他有一颗乱七八糟的心，因此，他做出来所有的事情也必定混乱。别人的领带卖 30 元、50 元、80 元，而“金利来”呢，卖 300 元。称称重量，一样重；看看裁剪，一样大;摸摸面料,也一样。为什么顾客会掏300元,是别人五六倍的价钱来买"金利来"的领带呢?因为我做得高贵、做得精致。一条领带大概是30道工序,这30道工序只要有一道工序做坏了,其他的29道工序就都浪费掉了,因此,我不允许有任何一个人心里是乱糟糟的,不管他是什么学历,我必须保证我的品牌拥有高贵的品质。

2002年,曾宪梓的这个做法被北京人才市场许多外资企业所采用,测来测去,外企联合打出来一块牌子:"北大、清华毕业生免谈"。他们发现北大、清华的毕业生最不注重这些小节。他们少动手,习惯于这种脏、乱、差的环境。他们太爱学习了,把学习以外所有的事情都抛弃掉,不洗衣服、不做饭、不干家务、不收拾内务,天天乱七八糟,因为学习好,大家宽容他们,其他的都无所谓了。当时,我国的人事部门和有关部门很不满,对国外的这几家企业提出抗议,毕竟北大、清华是中国的最高学府,你不能把牌子当众挂出来,当时的《中国青年报》等报刊都报道了此事。后来,外国人也理解了,但是他们告诉我们:你们的这些高才生之所以不被录用,就是因为心中无序,从他们的言谈举止就暴露无遗。

现在,许多外资企业在大门口装有摄像机,他们悄悄地观察,看到应聘者进了大门以后,又是吐痰,又是擦鼻子、乱扔纸,当你进到接待室就直接对你说:你可以回去了。当他们看到另一个应聘者进来之前,梳梳头,整整衣服,用纸把皮鞋上的浮土擦掉,再把纸扔进垃圾箱里。这个应聘者可以继续进行考试。

听完这个故事,很多学生都会若有所思,有些学生说:"老师,我们知道,到时候我们自然就注意了。"我说:"到时候,就晚了。"在美国,留学生一拧洗手间的水龙头,就知道刚才是不是中国留学生用过的,你再注意,别人也会发现,因为我们已经养成习惯。每次,用劲儿拧紧,下一个人就得用劲儿把它旋开,只要是用劲儿旋开的,前面就是被中国留学生用过的了。我让学生去开一下门，每年的第一个都是拉开门，然后，“咣”一声，任其自己关上。甚至有些女孩子用两臂抱着书时，直接用脚把门踹开，再用脚把门关上。男同学宿舍的床底下堆得乱糟糟，他们自己却觉得很正常了。还有些外企考试完了会让你一同吃饭，如果你不注意形象——喝汤不用勺子，吃饭发出很大的声音，这就露馅了，因为要聘用的是业务代表、要出国，决不能因为你影响了公司的形象。这个时候，你不可能把所有吃饭、走路、穿衣、关门、脱鞋的动作以及眼神都注意到，无序的心、无序的习惯会妨碍你的前途。

心无序，事无序，习惯使然

什么时候才有可能养成习惯？提前半年、一年养成习惯，才有可能。我对很多孩子讲，上大学期间有些良好的习惯你必须养成：1. 学会说普通话；去外企的，还要练好英语口语。2. 要学会穿衣服，学会走路。有很多女孩子走起路来风风火火，像男人一样，让人一看就觉得不够优雅。学完礼仪，你要有意识，真正去这么做。不能还像以前一样，喝汤时，端起碗，一分钟就喝完了，就可以去背单词了，你没有想到一个女孩子的优雅比单词要重要得多。你会再多的单词，言谈举止像个动物，就不讨人喜欢了。还有人喜欢在公共场所做很多小动作，摸摸这里抓抓那里，这些不良习惯都要改掉，否则，到时候你压根儿就控制不住。

有一年刚开学，一个学生找到我：周教授，你说得真对。暑假回来，学校把教学楼重新粉刷一遍，我就觉得特别别扭，看着新校舍，感觉很不舒服，不知道为什么。有一天，我趁人不注意，在白墙上踩了一个脚印，没有一点不舒服的感觉，怎么回事呢？今天，为什么感觉这么好？回头一看，墙上已经踩满了脚印。因为我已经适应了脏，太干净了反而不适应。后来，我带头踩了一个脚印，这个脚印成为“领袖”，其他人也跟着往墙上踩，最后，一片混乱，我又自在了。不得不承认：原来自己真的是这样一个人，一个不爱干净、喜欢脏、喜欢乱的人。

我告诉我的学生：“你们回去，什么也不要动。你们看看，自己的仪表是什么样，检查你的床，看床底下有没有泡着没洗的袜子，有没有该洗的鞋，有没有冒泡的衣服，床单是不是皱巴巴的，被子是不是没有叠，有没有味道？”后来，有学生告诉我：“周教授，我们发现的东西比你想像的还要糟糕，发现枕头上有干的硬硬的化石般的大米。有时候在外面吃饭不方便，我们就拿回宿舍吃，吃完也不洗脸就睡觉，大米粘在枕头上，时间长了就变干、变硬了；我们过去都习惯了，躺上去也没感觉。”还有学生说：“我检查了教室书桌的抽屉，查出有瓜子皮、废纸、塑料袋……甚至还有上一届同学扔下的废纸，大家根本不清理，都已经习惯了。”

很多人的心已经与外界混乱的环境相契合，我们必须意识到我们的心是乱的，然后慢慢习惯于白墙，习惯于有序。现在，很多女孩子不会收拾家，是鸡窝里飞出的假凤凰；男孩子就更不用说了，很多男生以不追求形象为美。我们的文化里还有一个典型——济公，百姓把他奉为神仙。什么是神仙呢？就是住在垃圾堆里，穿的是百衲衣，吃的是千家饭，100 天不洗澡，头发里长虱子，天天在太阳底下捉虱子，这就是我们所谓的神仙。看文学作品的时候可以这么看，但是在现实生活中，哪个女孩会嫁给这样的人——100 天不洗澡，天天在太阳底下捉虱子，什么都没有的男人。我们应该学曾宪梓，应该打上领带，让所有的男人都能打上干干净净、整整齐齐、线条非常漂亮的领带，这才是我们追求的目标。有一次，我坐出租车，城市的“面的”都换成“捷达”了，司机说：“我现在不抽烟了，也不光着膀子开车了，换了捷达以后，就觉得自己该有点品味。”

我们整个民族，应该从形象入手，改变我们的环境，环境好了，穿的好了，你自己自然就好了。环境改善了，就能够促进我们做事有序，心有序，有了这种意识就能提高生活品位，进入一个良性的循环。

打开成功的四扇大门 

今天,谈一个大家都很关注的话题——成功。每一个人都渴望成功,而且这种欲望非常强烈。其实,成功并不难,我讲四点,就像通往成功世界的四扇门。只要打开东、西、南、北四扇门,你就会找到自己的一片天空!

东——拥有目标

心理学家研究发现:看一个人能否成功的关键因素是看他有没有目标。

如何打开成功的四扇大门?

人一定要在20岁之前确定自己的目标。你渴望成功,追求成功,不甘心失败、无能、贫穷,这可以作为远期目标。近期就要在四年之内拿到大学文凭。具体说就是上大学上完,谈恋爱谈成,找工作找到,三四十岁的时候名利俱备,为社会做出贡献。

很多时候,目标定了,还有一个实施的过程,你是不是经得起考验？假如今天下午举行演讲比赛，你得了倒数第一，因为你说的是焦作普通话，以前你在焦作的学校里品学兼优，演讲总得全校第一，没人听出你是在讲方言，而这次你丢了人。你就想，我这是怎么了，难道跑到省会我的能力不行了？你没脸见人，更没脸见“她”，干脆就休学了。假如这个事儿你没休学，要入党。你上了党课，经常学雷锋，又交了好几次入党申请书……本来绝对应该是你的，但有人暗地里送了礼，名额换成了别人。你愤愤不平，原来老师也这么黑，送几只甲鱼就被俘虏了，我不在这儿待了，太不公平了。你上大学是为了演讲吗？你上大学是为了入党吗？你忘了你是来拿文凭的，半路上出了事就会注意力转移。

为了达到目的，你可能会遇到各种各样的阻挠、困难。比如，你给一个女孩子写了封情书，她当着别人的面就念了出来——“我的心会跳”，你的情书被公开，大家见了你就叫“我的心会跳”，你觉得这都没法活了。可是，这并不影响你拿毕业文凭呀。虽然遭到不公正、耻辱，但为了目的，要不怕阻挠，不怕失败；这时根本没有必要伤心，因为你的目标还能实现，要排除所有的干扰，实现自己的梦。太多的人把与自己不相干的事拉到自己的身上，忽略了目标的存在。

大家都知道勾践卧薪尝胆，终于实现了复国的目标，他心中只有一句话“我要复国”。吴王夫差手下一能人说：“勾践还没死心，不如试试他。”让他为大王送美女，但只要范蠡的女友西施。这时，矛盾干扰来了，许多人在关键时刻放弃了目标。国还复不复？西施说：“我去。”假如是你的女友你让不让去？算了吧，坚决不让。什么目标，什么复国，老子不干了！范蠡说：“走吧，我亲自送你。”中国古代有唐宋元盛世，《马可·波罗游记》中记述了中国妻贤子孝、邻里和睦、路不拾遗、夜不闭户、锦衣玉食、遍地黄金……古时的辉煌是因为有勾践、西施、范蠡这些人。

送去了西施，又有人说，那不是他的妻子，还要再试试他。

吴王招来勾践说："爱卿，寡人近日染疾，需要人尝便以辨虚实寒热。"假如你们的客户、老板、考官让你们吃一碗，就可以实现你的目标，你们干不干？

很多人说："六级不过了，生意不做了，恋爱不谈了……太欺负人，我不干了，目标不管了。"

复国的目标怎么办？勾践做了。他告诉大王："此便为咸，呈寒症。"自此，吴王对勾践放松警惕，彻底放心了。四年后，勾践举兵大灭夫差。

目标定了，不管碰到什么问题都得能过得去。普通话和你没有关系，你就是焦作口音，演讲得不了第一，拿到毕业文凭有就行了；甲鱼和你没有关系，老师就是那么黑，你不黑不就行了。当然，勾践做的你做不了，我也不会做，但你可以画个底线。除了这两条，不做西施，不吃——，什么都可以做。

底线不能太高，底线越高，成功率越低，底线越低，成功率越高。有个很漂亮的女孩子找工作，怕帽子弄坏了头发的造型，不干了。她的底线是连头发都不能乱，那就干什么事也干不成，什么目标也实现不了。

西——靠近成功

想成功就要靠近成功、关注成功，和成功人士接触，不和倒霉蛋在一起。

比如，你早上丢了饭卡，晚上丢了钱包，第二天晚上本来是请女朋友吃饭的，又没钱了，女朋友头也不回就和你吹了。你很生气，很恼火，心想：女人啊，就是薄情，没一个好的。正在路上走着，远远地看见一个帅哥，一米七八，领着校花，你很反感，心想：我一个女朋友也没有，他一天换一个，我最讨厌这种人，离他远点。你找了个墙角，蹲在那里哭，忽然听见旁边也有一个人在哭，怎么回事？一问，他说："我昨天早上丢了饭卡，晚上丢了钱包,今晚本来是请女朋友吃饭的,又没钱,女友和我吹了。"你一听,可找到知音了。你擦干眼泪说:"不说了,咱俩互相鼓励,从此再也不找女朋友,独身了。"

失败的人在一起会相互强化。假如你不太成功,这段时间甚至有点倒霉,千万别找倒霉的人,这样你会更倒霉。当你在某个阶段遭遇挫折、失败,一定要远离这种气氛,找到新的环境。心理学研究发现:把一个例假正常的女人放在一群例假不正常的女人当中,3个月后,她的例假也变得不正常了。人与人之间存在着一个"场",会产生很多影响。玛丽莲·梦露原来并不出名,整天和一群三流演员待在一起。有人告诉她,这样你永远都出不了名。于是,她找了一个一流的演员,整日伴随着她,事事处处都跟着她学、模仿她,就变得越来越性感。梦露发明了一个风从下面把裙子吹起来,她再从上面把裙子压下去的动作,至今没有人能超过这个姿势。

想成功,就要扫除思想中一切失败的倾向。我一直提倡要远离四大名著、三毛、张爱玲、路遥……这些悲剧性的故事、人物都不能看。你看金陵十二钗,想着我到底像哪个?像林妹妹?那就等着早死吧。想成功,就要靠近成功的人,像李嘉诚、张瑞敏、比尔·盖茨……多和这样的人接触,多看有关他们的传记。

我们周围也有很多这样的人和做法。比如,有男生每次谈恋爱都谈成,勤工助学总是入选,英语四六级都过了。发现这种人,多和他们接触,这是第一原则。

南——永葆意志力

意志是人自觉地确定目的、并支配行动去克服困难,以实现预定目的的心理过程。

首先,我谈谈成功率。美国的一个汽车销售商——拥有近乎世界最高的销售成功率。一天,他参加一个葬礼,死者刚下葬,他就走过来,对女主人说:“这是我的名片,需要汽车吗?请打电话给我。”那位女士一巴掌打在他脸上,说:“我丈夫刚刚去世,这么悲伤的时候你还来卖汽车!”谁也想不到,他却这么说:“太太,我认识您的先生,他是个很阳光的人,他一定不希望您悲伤,买辆新车吧,让您的生活更阳光。”他卖汽车到了无孔不入的程度,但即使是这样一个销售汽车的高手,对成功也有一个极限的公式:Do=F·20+S·1(F=failure,S=success)。最高的成功率也必须付出20次的努力才能换来一次成功。你去找汤姆推销汽车,他说好好好,正想买一辆,可等了半年也没来。你找过的玛莉、乔治,本来都说好的,一个个也没动静了。你想:怎么回事呢?是不是我不适合卖汽车,还是公关礼仪没做好?算了,改行吧!可你不知道,至少要拜访20个人才可能有一个人会买你的汽车,甚至有些人是5年、10年以后才能买你的汽车。汤姆是想买,可是钱不够;玛莉也想买,但要等男朋友买给她;乔治看上了你的车,可他的车才换了半年,可能还要等3年再换。这些都不是由你的原因引起的,你根本无法控制,怎么能断定自己就不适合干这一行呢?你留下自己的地址,定时给客户发名片,每到节日给他们寄贺卡,当他们买车的时候自然会第一个想起你。大家都知道:10年了,我认识的卖车能卖10年的只有他,找他就对了。你坚持到底了,终于成功了。我们所有的人都不会超越这个公式,要想成功,你就得有所预知,并且坚持,也就是永远拥有坚强的意志力。

我们再来分析三个人,一个是古代的王——勾践,一个是近代反对王权的民主先驱——孙中山,一个是著名的女歌星邓丽君,他们有什么共同点?

他们都是成功人士,而且都不是一下子成功的。

勾践被灭了国,饱受凌辱;孙中山十次起义都以失败告终,被四处驱逐;邓丽君小时患气管炎,最不适宜的就是唱歌,后来,还被台湾禁止入境。他们都有过十分深刻的屈辱。但勾践之后复国，万古流芳，几千年前的人被我们世世代代传颂；孙中山被国共两党称为“国父”，全世界华人都认可；邓丽君发明了气声唱法，家喻户晓，无论男女老少总有一首歌能找到她。没有哪个歌星能像她一样，既在大陆备受关注，又在台湾、马来西亚、新加坡甚至日本都广受爱戴。这些人最后都取得了成功，得到了整个民族和华人的承认。

那么，从心理学的角度来看，怎样才能最终走向成功呢？

先找一个身边比较近的人。2002 年，全国大学生首富、一次挣了 700 万元的河南姑娘林炜。

林炜是河南信阳黄川人，在学校学的是皮革专业。起初她并不喜欢自己的专业，1991 年林炜参加高考，填报的志愿是电信专业，不料却进入了皮革工程专业。既来之，则安之。既然干了这个专业，就专心去做，她慢慢爱上了皮革专业，并准备试验出一种国内新型革鞣剂。林炜在成都郊县的一家皮革厂做试验时，条件相当艰苦。这个偏僻的村庄连电视机都没有，每天的娱乐就是散步。而且制革车间，环境差，湿度大，还得在水里趟，但为了自己的课题，林炜硬是坚持下去。该吃的苦，都吃过了，一些体力活，工人师傅都不愿干，林炜却照干。最终，试验成功，她的专利转让费高达 700 万元。

大家猜林炜一共做了多少次试验？1 000 多次！爱迪生发明灯泡，试验了 1 200 次，什么都试过，木头、头发、毛皮、塑料、纸……有人嘲笑他：“爱迪生，你怎么这么笨啊，也不想想，头发会亮吗？塑料会亮吗？”爱迪生说：“你告诉我什么能发光！我要是知道还用试吗？不知道就闭上你的嘴！”最后，他发现被碳化的竹丝可以发亮。歌手彭丽媛说：“我的一首歌可以唱一万遍。”相声大师侯宝林的每个段子不在台下说一百遍决不上台。美国影星史泰龙找工作，试了 1 850 次，才有人肯让他试演一个小角色。世界上所有的成功，都是坚持不懈的结果！

你们的英语四六级考了几次？你的恋爱谈了几次？有人这

就受不了了，没法活。要想成功，你必须有 Keep trying 的意志力！对所有失恋的同学说个口号“再恋”，对所有四六级没考过的同学说个口号“再考”。成功不是靠聪明、技巧，起码和这些不直接相关。成功靠的是勇往直前、坚忍不拔、Keep trying 的精神。所有的事情，你有没有试验过 1 000 次？像爱迪生、史泰龙、侯宝林这样的成功者还要这么去做，难道你比他们更有天分？为什么要求自己一次就成功，为什么要求生活每次都能满足自己！只有坚持不懈，Keep trying，否则，你永远和成功无缘。

北——不聪明也无妨

我国 1949 年建国后，第二年开始向国外派大使，大家觉得选择什么样的人才能胜任大使的职位？

学过外语？形象好？健康？知识渊博？还是爱国？……对外大使代表国家的形象，这些说法似乎都有些道理。但要想成功，就要知道成功者是怎么想的。

有人建议任用北大、清华的教授。可毛主席给周总理列了 10 个人的名单，都是老井冈的跟随者，马上通知他们从朝鲜战场上回来。这些人来的第一句话就是：“什么是大使？为什么派我们？我们可只会打仗啊。”主席笑了，说：“在井冈山那么艰苦，你们没跑；长征路上你们没跑；打日本鬼子你们没跑；内战时你们也没跑。你们永远都不会跑，选你们只因为两个字——可靠。”北大、清华那么多人长得帅、有知识、会外语，外国政府派个女间谍，一句 I love you 就全跑了。毛主席选的人不会外语，听了只会问，她说啥？再多的手段一律无效。这十个派出去的大使，没一个出事的，全都安全地回来了。不会外语不要紧，北大、清华那么多人干什么用，拉去当翻译。知识永远都不是第一位的，做人才是第一位的。一定要和成功的人多接触，让别人觉得你值得信任，没有这些，谁也不会让你进入成功者的核心圈。要知道，他们总是把忠心、可靠的人拉在身边，委以重任，所以，必须要在品质上培养自己。比如，省长找他，他走了，市长找他，他又走了；但你都没走，肯定重用的是你。再有本事的人说了不算谁还敢用。许多人不知道忠心可靠的重要，如果你真想三、四十岁有大成就，就必须从这些细节开始。

记住一句话：可靠比学历、知识、智商重要得多！

另外，《百万富翁的智慧》的作者托马斯·斯坦利对美国1 300位百万富翁进行了调研。结果是：平均而言，每一位百万富翁作为一名学生的考试成绩都不够进入许多名牌大学的分数线。另外，他们在大学的成绩也不是出类拔萃的。实际上，许多百万富翁的智力并不超群，他们的才华并不足以使他们获得成功。

斯坦利说："我发现，能力测验、学习成绩和经济成就这三者之间没有内的联系。百万富翁并非依赖于他们的智商，而是选择与其能力匹配的职业。具有创造性和脚踏实地的精神。"

经过大量心理学研究证实：在成功的要素中，智商(IQ)因素只占20%，而80%则受其他因素，其中最重要的是情商(EQ)的影响。在成功要素的排名表上，智商的位置应该靠后：目标、胸怀、勇气、坚持，然后才是聪明。李嘉诚的文化水平是初中三年级。现在的世界首富比尔·盖茨、亚洲首富松下、华人首富李嘉诚、台湾首富蔡万霖、澳门首富何鸿燊，这些人学历都不高，没一个人是大学毕业，但他们都具备成功者的素质。

所以，我告诉大家：聪明固然好，不聪明也无妨。

当你按我所说，推开东、西、南、北四扇门。有没有看到属于你的成功世界？

上帝的金石头

话说上帝创造了人类以后，便采取一种很自由、很自然的方式来管理地球。

有一天，上帝的亲家来串门，有些怨言："你这个地球管理得不好，有的人那么富，开着奔驰、宝马汽车，住着别墅；有的人那么穷，沿街乞讨、衣衫褴褛、贫病交加，这样太不公平了。"上帝说："这事不能怪我呀，每个人出生以后，我给他们的财富、机遇、潜力都是相等的，一模一样。中国的孔子曾经讲过'人人为人，一人不为人'，美国的《独立宣言》第一句话就是'人，生而平等'。"亲家说："我不相信你的话，你看看下面的人成什么样子了，肯定是你的责任。"上帝笑了笑："咱们下到凡间做个试验，看看是我管理的问题，还是他们自己的问题。"

上帝带领亲家，驾着云，来到一条大路上空。远方正好前后过来三对行人，上帝往下扔了一块金子。

第一对是夫妻，丈夫拉车，妻子坐车，金子就扔在他们前方不远处。天气燥热，妻子不停地抱怨，说："我嫁给你倒霉死了，这么热的天，别人的老婆都在家里享清福，我还得同你一起去干活。这么多年来，我跟着你没有好吃的、没有好穿的，嫁给你真是倒霉！"丈夫边拉车边想：确实，妻子跟着我真是够倒霉的，我也不能怪她，是我自己没本事。想着想着，脚被硌了一下。男人叹了口气，我怎么这么倒霉?！为什么我总是这么笨？老婆看不起我，连石头都跟我作对，又被硌了一下脚，真是祸不单行啊！"咚"，一脚把它踢开了！

负性人格——金砖也硌脚

现在，很多人碰到什么事情，不分青红皂白，只要和他的心思不一致，就顺口说："我怎么这么倒霉！为什么我总是这么不顺利?"有块金子硌了你的脚，你只会想到它硌了你的脚，却发现不了这是一块金子。当别人撞了你，可能是个美女；而你只想到倒霉，把美女也错过了。从心理学的角度分析，一种不良暗示带给我们的灾难往往大于事件本身的伤害。

曾经发生过更悲惨的事情。河南潢川师范一个女孩子叫蒋丽，因学习成绩差没有考上大学，只上了专科学校。她想：我本来想上清华、北大，原以为自己还不错，现在看来自己根本不行。否则，我能考不上本科院校吗？看来我智商不行，能力也不行。到了师范学校以后，学习成绩仍然不拔尖，她想：看来，我各个方面都不行。宿舍的同学们都有男朋友，就我没有，人家都有好几个，我连一个也没有；说明我长得也不行。再看自己，确实是三角眼，小矮个儿，家里是农村的，又没钱，我活着没有任何意义和价值，死了算了。她天天这么暗示，时间久了就真的发生了悲剧。她趁同学庆祝生日之机，将鼠药投进饮料中，致使十名学生中毒，5 名学生死亡。为的只是让自己的心理有所平衡。

一位女士一直怀疑丈夫有外遇。可事实上并没有，她丈夫找到我，向我求助，我就告诉他一个证明自己清白的方法：明天一起床就对你妻子说“你的眼肿了”，她开始不太相信，到了单位，同事也被秘密通知说：“你眼怎么肿了？”。她就来找我，我说你的眼确实有点肿，她终于相信了，眼果然肿了起来。心理暗示的作用就有这么大，即使是假的，也会变成真的。

如果一个男人不相信上帝对所有人都是公平的，总认为自己很倒霉，往往倒霉就真的降临到他头上。他倒霉是因为他的自我暗示力量太强大，应该立即认为：上帝对任何人都是公平的。当硌了脚的时候，你应该想：这是不是一块金子？当撞了你的时候，你应该想：这是不是一个美女？也许，这并不是金子、也不是美女，但首先应该从心里这么想。

第二对是两个生意人，今天谈判归来。员工拉车，老板坐车。老板就训他：“今天的生意，早就告诉你要做好准备，你就是不好好谈，像你这种人，我以后决不再聘。”员工也很生气：“你让我准备，你的方案做得就不对，我尽了最大的努力，你可没有做最大努力啊！”两个人就在途中吵架、生气，相互指责。走着走着，员工被硌着脚了，他想：客户跟我作对，老板跟我作对，走着路还有石头跟我作对！他看都不看，一脚踢开“石头”。

上帝的亲家很惊讶：“怎么回事！那是块金子呀！”上帝拉住他：“你救的了一时，救不了一世呀。这个人不自助，谁也救不了他。”

有一句名言叫“自助者天助”，自不助者，天永不相助。金子已经扔在脚下，你只要留点儿心，睁睁眼，动动手，把浮土擦去，就能得到，你却连这些都不愿意做！

亲家再也不问了，他觉得上帝的管理办法比较好，人类终究会觉醒。

第三组是一对兄弟。他们俩边走边谈：“哥，这次生意做好了，咱们能挣多少钱？”哥哥拉着车子说：“起码有十两金子。”“可以给哥娶个嫂子，盖三间房子，买一套家具。”走着走着，哥哥被硌着脚了：“什么东西呀，这么硬！好疼啊！”这时，弟弟可能会有多种反应——

如果像第一对夫妻，“你别总想美事了，你也该倒倒霉了，看看，硌着脚了吧！”

也可以按第二对，“你只想着自己娶媳妇，我年纪也不小了，为啥不先给我娶？”

这两种方式都能说得通，谁都会认为自己很有理。但结果是一直斗争，一直贫困下去。

这个弟弟没这么说。“哥，怎么了？”“硌着脚，走不成路了。”“哥你别动，我下来看看，给你揉揉。你上车，该我拉车啦，你要娶媳妇，脚硌坏了可不行。不过，我得看看这是啥东西，硌你硌得这么厉害，以免其他人再被硌伤。”弟弟把金子捡起来，吹了吹，擦了擦。“哥，100两黄金！”就这么简单，因为弟弟是个良性的人，没有怨言，没有对立，没有一颗时时警惕的心。他和谐、仁慈，只有一颗开放的、包容的、良性的、感恩的心。他知道应该让哥哥先结婚，哥哥比我大两岁，应该先娶媳妇，这次挣了钱，就应该让哥哥先用；硌着脚了，总是哥哥拉我，为什么，我不能拉他呢？这个东西硌着他了，会不会也硌着别人？我得看看是什么东西。他这样想了，这样做了，结果就是既得到财富，又得到幸福。

一个人可以立伟业，不可以有伟感。实际上，我们所有人的才智都是一样的，上天让每一个人生下来，肯定所给所赐是相同的，为什么有些人过得好、有些人混得差？就在于你本来的天分有没有得到发挥，你是不是一个良性的人。若发挥天分，你一定能得到幸福；若从良性的角度来看人，则人人都是宝贝。

挣钱，就是挣功德

常听到不少人这样说："钱嘛，身外之物，我不在乎"、"生不带来，死不带去"、"钱太多了会惹麻烦"、"无所谓了，我对钱看得淡，有钱没钱都行"……这些人一定很穷。

想得到什么样的结果，你得先有什么样的语言、什么样的行为。亚洲首富松下幸之助，本来是一个农民，没有任何家庭背景，小学三年级文化水平，身体也不健康，20～50 岁间一直吐血、尿血。从任何角度来看，松下都没有优势。但是，他成了亚洲首富，成了世界第三大电器制造商。松下是这么说的："首先要尊重金钱。挣钱，就是挣功德。"世界首富比尔·盖茨、华人首富李嘉诚、澳门首富何鸿燊、台湾首富蔡万霖……这些人都很尊重金钱。你要想成为有钱人，就要多和有钱人接触，多了解他们的思想，看看他们是怎么做的。

华人首富李嘉诚，在广州有一个著名的企业，位于中国改革开放的窗口——中国大酒店。香港人做事喜欢讲风水，李嘉诚的中国大酒店选在一个地势低洼处，主楼就建在谷底，取聚财敛运之意。开业后，生意兴隆，财运滚滚，这和选址有没有关系不好说，但起码表达出他们对挣钱的一种强烈的渴望，在做生意的过程中，会全方位地以钱为核心来考虑问题。

由于中国大酒店所处地势低洼，带来了很多麻烦。每天勤杂工往洗衣房送衣物、被单，都要经过一个大斜坡。这一天，中国大酒店总经理的秘书，在晨会前给各部门经理送文件，正好路过此处，看见一个勤杂工推着小货车往上走，可他用尽全身的力气也推不上去。假如换作任何人，看见有一位老先生遇到困难，一定会帮助他，使他能够顺利将小车推上斜坡。许多人以为这是好事，是出自内心的善良。这位女秘书也是这样认为，她将文件放在推车上，帮助老先生把车推了上去，然后，才去开晨会。

等她踏入会议室已经迟到了几分钟。总经理问："你今天怎么晚了几分钟？"秘书还很高兴地回答："路过斜坡，正遇见有人推车推不上去，我帮老先生推车，所以才来晚了。"谁也没想到，总经理立即召集所有员工开大会，集中讨论，让所有人发表意见。大家很纳闷，许多人说："应该的，她是做了好事啊！"总经理摆了摆手，说了这么一段话："秘书小姐帮助这个人推车上去，看似是做好事。可是，大家想一想，她没来之前，谁帮他？他是不是每次、每天都在这里等？他这么一等，洗衣房就得等，下面晾衣的人、送衣的人统统都要等。住酒店的客人也要等，而且这种等待是不等量的，是一种无限的放大。比如，我们原来是8点钟客户服务部把衣服、床单送来。现在要等到8∶10分，洗衣房的员工就会认为，原来我们酒店的管理制度不是那么严格，并不是说几点几分就是几点几分，迟到是经常的事情。等了5分钟还不来，怎么办？打牌吧，大家聚在一起，开始打扑克。正玩得高兴时，要洗的衣物、被单来了。兴致正高，谁也不舍得放下，算了，再等几分钟吧！反正大家都认为可以等，时间观念都淡漠。这种放大后来就变成30分钟，再拖延到1个小时、2个小时……我们的酒店不就会乱套了吗？谁还会把规章制度当回事？如果制度不完善，必定导致客人的抱怨：'哎，我的衣服怎么还不送来？你们不是说好的下午三点吗？''每次都这样，这么大的酒店，怎么没有一点时间观念？'服务人员就会到处找理由：'啊，麻烦你再等等，我帮你问问，可能是今天停电停水。'客人住在这里心情不好，觉得生意、办事都不顺利，那么，客服部的人员收账也困难，好多客户还会投诉。很多麻烦、意外频繁发生，这仅仅是一个简单的'助人为乐'的事件吗？它会导致可怕的蝴蝶效应，但其实只有一个环节出了差错，只有一个人在捣乱。”

总经理随后又提出第二个问题："我们这个斜坡虽然有倾斜的角度，但当时由欧洲设计师精心地测量、计算过，凡是正常、健康的年轻人都能够顺利将小货车推上去。可见，是这个岗位用人不对。下去查，里面一定有问题！"

果然，调查发现，这个负责推杂物车的员工已经年纪超龄，不能胜任此项工作，为什么得到这个职位呢？他是人事部副经理的亲戚。酒店有明文规定，勤杂工不能雇佣老年人，只能雇佣年轻力壮的小伙子。人事部副经理认为：这个事情不大，即使用了自家亲戚，根本就不会被发现。不起眼的勤杂工在地下室推车，谁会注意到？想不到最终被总经理察觉，仅凭借秘书迟到几分钟就发现了这个问题。

排除一切干扰，挣钱就是挣功德

总经理把推车的老先生和人事部副经理一起开除，毫不犹豫。开除以后，有些职工觉得这样小题大做，太不近人情。人事部副经理学历高、负责任，各方面条件都不错，只不过用了一个亲戚，可以把老年人换掉，为什么把人事部副经理也开除？

总经理说："我不把他换掉，必然会影响企业的形象，我们的客人会越来越少，我们挣的钱也会随之减少，甚至可能倒闭，这才是害了你们所有的人。很多企业最后倒闭就是为了照顾一两个人。我这么做看似严厉，实则是保护大多数人的利益，为我们酒店赢得更多的财富。不近人情是为了挣钱，挣钱才是挣功德。"

这个故事应该给我们一个很大的启示：任何企业都是一个完整的系统，他们强调的是每个细节都很重要，不允许在系统的范围内有任何问题出现。比如，日本索尼的随身听，大概有 90 道工序，只要一道工序做坏了，不管它在哪儿，其他 89 道工序都报废了。

为了挣钱，我们应该像中国大酒店的总经理那样心无旁骛，凡是妨碍挣钱的，不管什么事，一律排除。你必须远离影响你赚钱的一切因素，否则，一旦你容忍它，心软了，你的整个财富系统都会垮掉。

金钱不等于罪恶，关键的是人们如何去获得金钱和使用金钱。看掌管金钱的是怎样一个人，以不良的动机和卑鄙的手段来获取金钱是罪过，因为那在获取金钱之前已经可以定性了。相反，出于为社会造福的目的，采用合法的手段挣得的钱，即使是高额利润，也是功德。

记住：挣钱，就是挣功德！

远离失败者诸葛亮 11

假如听到《三国演义》，你第一个想到的是谁？谁给你留下的印象最深刻？你认为谁是最出色的人？

在清朝，《红楼梦》、《三国演义》都是禁书，不允许看。心理学判断问题，不是以事情“真”与否，而是能否给我们带来“成功、健康、幸福”。

很多人一说《三国演义》，就想到诸葛亮，觉得诸葛亮睿智，但心理学的判断标准：不是睿智与否、聪明与否、知识多少与否；而是成功与否。对于男人，第一个评价应该是成功。不管你有多少知识，你失败了，一切就等于零。如果男人不成功，他的妻子就会遭殃，孩子就会受累。

远离失败者诸葛亮

诸葛亮承担的是一个国家的责任，但由于他的不成功，毁了蜀国。《三国演义》中，魏、蜀、吴三国鼎立，最早灭亡的是诸葛亮这个集团。诸葛亮是“出师未捷身先死”、英年早逝，他去世以后，他的儿子、孙子，都相继死了；他所在的国家，像朽木一样，被彻底摧毁了。

为什么会这样呢？我从人格上分析一下：

诸葛亮的第一个特点是极端和过度地追求完美。实际上，越是追求完美的人，越是非人性化的人。所有的人都应该是“有所有”和“有所无”。一个女人，你很有风采、很有优势，你占了女人所有的东西，就不可能再占男人的东西；你想很温柔，又想像男人一样阳刚，那是不可能的。凡是完全追求完美的人，都是妖怪。诸葛亮追求的就是百分之百、极端的完美。先说他达到了什么样的程度：在人类的历史上，从来没有一个丞相，在他去世的时候，手下没有一员大将；也就是只有连长、排长，没有军长。刘备在世的时候，军中是“五虎上将”，自从刘备去世以后，到诸葛亮任宰相这么多年来，蜀国没有一员大将。就好像一个国家没有部长，全是下面的厅级干部，它的军队怎么运转？从来没有一个首领在他去世以后，留下这样一个烂摊子。蜀国被攻打的时候，群龙无首，没有高级领导，孔明等于是把一个国家给架空了。

从诸葛亮身上我们看到，凡事都不要追求完美。什么才是真正的“完美”呢？就是女人做好女人，男人做好男人，丈夫的事情就应该让丈夫做，妻子的事情就应该让妻子做。有些女人对丈夫要求很高，“我的男人只给家里弄来钱，把房子弄好以后，什么事情都不管了”，你还想要什么呢？“难道孩子的事情他不用管吗？我生孩子，他就得洗尿布，我看白天，他就得管晚上。”女人老是拿一种交换的姿态处理事务。不是说妻子做好妻子的，丈夫做好丈夫的，她总在要求丈夫做得更好。于是，开始有些男人自我标榜，“我不仅事业有成，还很会做菜，会洗尿布，带孩子。”我从来就不相信这样的男人，因为他太完美了，这种完美其实是性别、角色的混淆。就像一部电话，它能帮你通话就可以了，不能同时要求它既可以为你通话，又能当电视看，还能做汽车使用。如果你只把电话当电话，“呀！电话多好啊，我想找朋友，它能帮我实现心愿”；但如果你希望电话带着你去见朋友，见不着就恨死这个电话，那就是追求完美的状态，是一种极端化、妖魔化、非人化的状态。

诸葛亮不仅觉得自己很完美，而且要求所有人达到他的要求。他说：“不是我不选人，我也想选拔人才，把皇叔的霸业搞好。”但他从政几十年来，没有选拔一个人才。诸葛亮有一套“人事制度”，是他选拔人才的标准——《七观》。

> 问以是非而观其志；
> 穷以辞辩而观其变；
> 咨以计谋而观其识；
> 告之以祸难而观其勇；
> 醉之以酒而观其性；
> 临之以利而观其廉；
> 朝之以事而观其信。

任何人以此为依据来选拔人才，会发现天下无才可用。这么苛刻的条件，貌似严谨，实质上是空中楼阁、墙上画饼。再完美的人，开个玩笑，第五“观”：醉之以酒而观其性。找 100 个美女和 100 个男子，放在一起，能跑出来几个？能跑出来 5 个就不错了。男人被美女吸引是很正常的——出来的这 5 个还不能用，把他们灌醉，再扔回去，这 5 个能出来一个就不错了，甚至可能全军覆没。诸葛亮这一观，几乎把所有的男人都摒弃掉了，全部都不能用。你可以完全不喝酒，不近女色，但按照诸葛亮的标准：你不喝酒那样做就是装出来的，灌醉了放进去才是真性。仅仅这一条，95%的人都做不到。有几个人灌醉了以后还能清醒？天底下很难找过其一者，何况还有另外六观？他一辈子，没有发现一个可用之才。

诸葛亮是用一种苛求、极端的方式来选人。诸葛亮曾经爱上一个人才：姜维。但即使姜维，诸葛亮也没有委以上将，“姜维是叛徒，他现在对我很忠心，很有本事，悟性很高，文武双全，但他是从魏军叛变过来的，不能重用。”没有任何人被他收罗人眼光中。

诸葛亮忘了做事的目的是什么，纯粹是在摆他的要求和标准。而三国最后得了天下的是司马懿，他的目标很明确，知道诸葛亮很聪明，足智多谋，“我不和你拼诡计，拼智谋，我也不跟你打，我让你所有的诡计和智谋都化为乌有，我的目的是采用一切办法战胜你。”当主将只注重目的的时候，过程就会变得有用、高效、简洁。

诸葛亮有很多计谋，像空城计、草船借箭……都家喻户晓，他玩儿得很花，技巧很多，搞得很复杂。但正是因为他过于复杂，目的性不强，所以，精力分散比较严重。一国的元帅、总参谋长，你怎么能开着船去借箭？还亲手做“孔明灯”，假如现在某单位的照明设施不好，应该谁来管？电工师傅。假如经理过来，“我来设计！”每次都亲自“操刀”，他就是多管闲事了。如果什么都必须领导亲自实践，那事情就麻烦了。假如后勤设计了一组灯光照明，诸葛亮也亲自设计了一组，你说用谁的？可诸葛亮就是这样。灯不满意，他亲自来设计；对远程武器不满意，亲自设计了“连弓弩”；运输赶不上，又亲自设计了“木牛流马”……凡事亲历亲为，劳心费神，即使这一次弄好，下一次谁还敢来弄？“上一次是丞相处理的，这一次我敢做吗？”

后勤保障的粮食运不上来，他说：“怎么搞得这么慢，我来亲自设计。”他把工程人员的设计图放在一边，花了三个月的时间设计“木牛流马”。一个三军元帅闭门来设计运输工具，他这三个月就忘了指挥全军，忘了整体操作，暂且不说设计出来的比别人强不强，不管强不强，工程部的人员敢不用吗？你是一国丞相，我有多大的胆子敢以小犯上？而诸葛亮就是什么事情都亲历亲为，什么事情都表现他的智慧。管理大师余世维说过："一个人要看大节，从大的格局上入手，我们个人也好，事业也好，前途也好，我们的子女、先生、太太，所有的事情都只能从大的方面考虑。"

许多人喜欢诸葛亮，认为他是一个发明家，还会玩空城计，会弹琴，可是，忽略了结果——他最后完蛋了。只要是这样的人，就表明他的目的不明确。而司马懿不同，没有听说他有什么特长，但有一条，他能打赢，最后获得胜利。这种人就是以成功作为衡量标准的。

诸葛亮很幼稚，属于涉世未深的类型。他手下有许多大将，比如赵云，是一个智勇双全，德才兼备的大将，已经没有人比他更完美了：忠心，武功又高，外形潇洒，风流倜傥。但即使是赵云出去，诸葛亮也会说："我给你三个锦囊，要按照我的要求去做，逢山打开第一个锦囊，见水打开第二个锦囊，遇见敌人的部队打开第三个锦囊。"假如每个部队都要求士兵拿三个锦囊，这个部队能打赢仗吗？有一个故事：一群羊一直被一只头羊所领导，直到有一天，其中的两只羊离开羊群，事情就发生了改变。那只看似很强壮的羊依偎在身体弱小的羊身边，而那只原本身材矮小的羊却表现出领导才能，带领它开始新的生活。如果没有这样的转机，羊群始终要被头羊所领导。

如果你永远不让领导者作为领导者出现，而让他作为被领导者出现，他的领导能力就会消失。诸葛亮手下没有头羊，只有他自己一人，其他全部是服从者，走到哪里你必须听丞相的，听从他的命令打败仗也没事，不按照他的命令办事，打赢了、打输了都不行。

但大家想一想有没有这种可能：我国的空军要上天了，空军司令员给部下三个锦囊，你爬到 1 000 米的时候打开第一个，爬到 5 000 米的时候再打开一个，遇到敌军的时候打开第三锦囊。这不是开玩笑吗？有些人想：我要是诸葛亮多好，可以预见到业务员碰上的情况，给他们发三个锦囊，这简直是痴心妄想。假如哪个元帅每次都给部下发锦囊，碰到敌人，不是开始布阵，不是占领制高点，不是进行攻击，首先是开锦囊，怎么可能不完蛋？

另外一点，诸葛亮不注重事业，不注重结果，只注重自己的感受。比如，一个人出去工作，工作好坏无所谓，你得尊重我；今天去挣钱，钱挣到挣不到无所谓，我得有面子，这样的人就办不成事，最终和成功无缘。诸葛亮就是这样的人，他不看是非与否、成功与否，他要的是自我感觉的好坏、对自己尊重与否、他的面子何在，他要的是心理满足的过程。

诸葛亮刚出道的时候，攻打长沙，算的是几天内打不下来。后来长沙的将军魏延造反，投降献城，全营都很高兴。《孙子兵法》讲：不战而胜为之上。唯独诸葛亮不高兴，要杀魏延，因为他没有算到。有人问他："丞相，您不是说我们要攻进去吗？怎么人家自己投降呢？"诸葛亮觉得面子上挂不住，自己受到了侮辱，而这个意外的祸首就是魏延。

诸葛亮要杀魏延，刘备却有王者风范，他说："你为什么要杀魏延？"诸葛亮提出一个很荒谬的理论："我通过观相，发现魏延的脑后有一块反骨。"大家可以摸摸，每个人脑后都有一块骨头是鼓出来的，他看着魏延的骨头比别人高，就说这是反骨。刘备不相信，说："丞相，现在我们刚刚兴起大业，正是用人之际，应当重用魏延，杀了他岂不凉了众人的心？谁还来投靠我呢？"诸葛亮很生气，当着所有人的面，发了一句誓言："魏延你听着，他日我必杀之。"后来魏延一直很忠心，一辈子没反，诸葛亮死的时候还对此事耿耿于怀。人之将死其言也善，诸葛亮临死之前却说："当年我说魏延要反，先主在的时候没有反，我在的时候也没有反。我死之后，他一定会反。"他出了个计策：只要魏延对着全军说三声"谁敢杀我"。他就一定会反。实际上，哪个英雄好汉不敢喊这三声，张飞不敢吗？关羽不敢吗？这怎么能证明会反呢？最后，魏延终于被斩首。诸葛亮临死的时候都没有宽容之心、不能正视现实，他是个十分极端、十分自我、十分狭隘的人。

我们要从诸葛亮的案例中感受人格健全的重要性。

以上讲的几条是妨碍很多人发展，最终不能成功的原因。他们总是希望自己聪明，希望自己充满智慧，这是没有用的。许多时候，要想把事情办成，就应该像司马懿一样，能不办的事情就不办。余世维讲："真正好的管理者，是可以把他所有能不办的事情都不办，他才可以拿出精力把该办的事情办好。"心理学上讲："很多时候，我们需要为无为而治。"

因此，凡是失败都是有原因的，凡是成功都是有理由的。对于失败者我们要远离他，华尔街上有一句名言：当你碰上一个失败者，至少要离他 50 米。成功来源于个性的健全，失败也主要由于个性的缺失。

12 老鼠夹子与梦露

在美国，有一个“不成功产品”展览馆，陈列着各种各样自美国成立以来到现今为止最不成功的产品。进门以后，正中间摆放着最不成功产品的第一名——一个老鼠夹子。这个老鼠夹子卖得最差，后来滞销，无人问津。那么，这究竟是个什么样的老鼠夹子会如此不受欢迎呢?

从技术、功能、科学方面分析都找不到答案，只有心理学揭示了谜底。

许多人认为，能夹住老鼠的老鼠夹才是好老鼠夹，但我们要区分清楚销售的目的：是为了赚钱，还是为了卖产品？是为了利润，还是为了产品的功能？

实际上，产品有没有用和挣钱没有关系，挣钱就是挣钱。心理学可以教你如何卖掉产品，赚到钱，而不是你的产品功能有多强大，用处有多丰富。

假如你现在就住在美国，有一幢大房子，你发现家里有老鼠爬动的痕迹。你对丈夫说：“帮我买一个老鼠夹回来，咱们家有老鼠了。”丈夫心疼你，言听计从，赶紧买了一个老鼠夹放在墙角，夹上食物，晚上你去睡觉了。这个老鼠夹设计得很好，百发百中，当晚就夹住了老鼠。早上，先生上班去了，你是家庭主妇，九点钟开始打扫卫生。

走到墙角,看到死老鼠你的第一感觉是什么?——尖叫。第二步你该怎么办?你会觉得很恶心,绝对不会像说明书上写的那样:左手把夹子拉开,右手把老鼠捏起来,再放好食物。新买的老鼠夹夹到一只很肥硕的老鼠,而且现在就在你们家,你这一天都会心神不宁。你肯定会等到丈夫回来处理,甚至来不及等,就拨通了电话。可他正上班呢,让你等他下班。你一天在家里,什么都干不了,因为你们家还有一只死老鼠和你同处一室。晚上 8 点,你丈夫回来了,他会拿着铲子,连老鼠带老鼠夹一起铲出去扔掉。没有人会搬开老鼠夹取出老鼠,下次再用,除非是特别贫困地区,而那里也不会买老鼠夹。扔掉后,你先生说:"夹得不错,明天再买一个吧?"你可能会再买一个,第二天睡觉的时候,你会想:明天早上又会看到一个死老鼠,而且老鼠都是 12 点出来活动,早上 9 点以前,它已经死在那里快 10 个小时了。你夜里 12 点就会提醒自己,"我去看看有没有死老鼠,万一夹住了,它一直死在那儿多恶心。"假如 12 点发现没有,2 点再起来。第三天,丈夫说:"再买一个吧?"太太就坚决反对了,宁肯让老鼠跑到别人家被捉住,也决不去捉它了。

什么样的老鼠夹才最畅销呢?从来夹不住老鼠的老鼠夹。

早上,主妇起来一看,老鼠夹里没有老鼠,证明我们家没老鼠,她心安理得。在老鼠的问题上,女人常会自欺欺人,只要有个老鼠夹在,而且没有捉住老鼠,就说明家中没有老鼠。把老鼠夹放在这儿,晚上,我就可以睡得安心;不放,我就睡不着;夹住老鼠,我也睡不着,其实这是一个"安心夹"。而"每夹必中"的老鼠夹成为美国最不成功的产品。

所有的商人、销售者第一考虑的,不应是功能,而是销售率,第一迎合的是怎样能卖出产品,怎样能赚到钱。这并不是奸商,因为我们需要这样的产品。我说过:挣钱就是挣公德。在人才研究方面,我们认为:一流人才在商界。商人投入 3 000 万,可能第二天就变成 6 000 万,也可能血本无归,从此家徒四壁。所

在老鼠的问题上，女人常会自欺欺人

以，我们最应该尊敬的是商人，不应该说他们是奸商，要称他们是“可爱的商人”。

从心理学的角度讲，商人要出售的产品必须尽量迎合消费者的心理需要，产品若违背了人心理潜在的需求轨迹就很难畅销，很难赚到钱。

除了赚钱，还有一件省钱的事件也发生在美国，这都有赖于心理学家的功劳。

美国有一座摩天大楼，400米高，属于办公大楼。投入使用之后，许多客户提意见，说电梯不够用，要求退款，或者重装电梯，事态很严重。大厦的经营者请了很多专家，比如工程学专家、电梯专家、操作管理专家联合会诊。后来发现：电梯建造时没有用中转站的方式，只是一个电梯一直开上去，按工程学的原理，应该把电梯直接改造，分散人流。如果改造需要花几百万美元，而且大楼必须停业，带来很多麻烦，损失惨重。董事会、客户们都很沮丧。

让大家搬出去，客户要求经济索赔；不搬出去就没法进行改造。即使是搬出去改造，也需要花费大量财力。在走投无路的情况下，在人力、物力、财力都不想增加的情况下，有人提议：我们是不是请最不相关的心理学专家来看一下？

心理学家把大楼参观了一遍，提了一些建议。很快问题解决了，事件平息下来。

心理学家是这么说的："不需要花那么多钱，你们在电梯旁边都装上梦露的大幅照片，再放上一些做工精致的大镜子。"过去，大家对等电梯很有意见，心理学家发现：大部分人等的时间不过是5分钟。人们站在这儿，谁也不认识谁，尤其是很多男人，心理上很压抑，感觉就相当于15分钟、半小时。实际上，5分钟并不长，时间有一个相对性，无聊的时候就无限放大，这是一种心理状态。心理学家又发现：在公共场所，或街上放一面镜子，反而是男人照镜子的几率高。因为女人出门之前，已经照好，不打扮好决不出门。男人往往匆匆忙忙跑出来，找到个镜子就停下来照一照。等电梯的时候，男人先照照镜子，理理头发，一转脸看见梦露，看看暴露出来的美腿，看两分钟，再照照镜子看三分钟，电梯就来了。他还想：怎么这么快就来了？还没看够呢！原来客户的意见率是80%，现在降低为10%，这个问题自然迎刃而解。

假如我们只有一条常规的思路，就必须破土动工去花钱，我们的生意就可能遭受巨大的损失。当我们仅仅从物的角度去理解事物的时候，就缺少了对问题人性化的理解。实际上，他们当时的投诉、不满足都是因为情绪上的，把难受的原因理解为：电梯来得晚。心理学家发现：这个时间仅仅是几分钟，这种难受只是心理上的。假如你让他等50分钟，那是浪费时间、浪费效率，但5分钟、7分钟，并不是一个很大的矛盾，这只是一个意见，并不是一起事件。

挣钱、省钱的问题有了心理学家的协助都烟消云散了。当你遇到新的问题、新麻烦的时候，可以从人内心的角度去考虑，换一种思路来解决，这是心理学诞生的作用之一，也是心理学的神奇之一。

13 做自己的催眠大师

1927年,美国哈佛大学的管理学、心理学专家联合起来,做了一个举世瞩目的实验。

他们找到位于芝加哥的霍桑工厂,要求合作完成实验项目。可是,霍桑工厂老板却规定:实验可以,但必须给我们的企业增加效益,否则,合作立即取消。专家们爽快地答应下来,并签订了协议。

于是,心理学、管理学专家马上来到工厂,做了个简单的设计:首先,让一个车间的灯光亮度增加,变得明亮如白昼;让另一个车间灯光减弱,变得阴沉似傍晚。再由老板告诉员工:哈佛大学的管理学、心理学专家来了,正在给我们进行实验,目的是增加单位时间的产品产出。最后,检测看看哪个车间的工作效率会有所增加。

实验正式启动,工人们开始了忙碌的工作。仅仅改变两个车间灯光的亮度,究竟哪个车间能提高产量、增加收入呢?

大部分人都以为会是灯光调亮的那组,而科学并不在于大家想的就是对的,很多时候需要一种理性的、可重复的、可操作的标准。哈佛大学最后得出的结论是:无论灯光调亮的,还是调暗的,每个小组都会增加产量,并且都增加了15%。——这就是著名的霍桑效应实验。

为什么光线变亮、变暗，都会增加产量呢？

因为心理学家已经事先给了大家暗示：我们正在进行一项实验，目的是使单位产量的效率增加。不管调亮，还是调暗，大家都会给自己“要增加产量”的暗示。灯光被调亮的那组员工想：是不是让我们在明亮的环境中，更有活力呢？灯光被调暗的想：是不是让我们静下心来，安心工作呢？——当双方都认为这是一个能提高效率的实验时，他们在自己期望值的带动下，效率果然就提高了。

霍桑实验告诉我们：当你认为自己可以进步的时候，当你每天都在寻找进步方法的时候，当你想方设法接触进步的书籍、接近成功人士的时候，不管你能不能接触到，只要你在这么想、这么期待，你的能量、你的财富、你的成就，至少会提高15%。

运用于现实中，所有的老师、老板、领导，一定不要以指责、漫骂、贬低下属为本单位的精神文化，这样，每个人的潜力至少会减低15%。而把积极的状态和减低的效能加在一起，正负抵消，正好是30%，时间长了就会使团体走向没落、衰退。我们可以给团队中的成员定一些规矩，但是，千万不能给他们不良的暗示。心理学有一句话：“你的语言就是你的魔咒。”假如你整天说：我不行、我学习不好、我挣不到钱、我这个人很倒霉，你就真的会是这样。

这种心理暗示的作用到底可以大到什么程度呢？让我们来看看心理学界最经典的实验——催眠术。

有些大师催眠的技术很高，比如，一群鸡，他对它们“嘟嘟囔囔”说一些奇怪的语言，或者吹声口哨，这群鸡就会立刻睡着；他打一个响指，这些鸡又马上站起来。简直是令人难以置信的神奇效果！有些催眠心理学家给人做催眠，拿一个土豆给你，告诉你：闭上眼睛，现在，你拿着苹果，这是一个苹果，又大又甜，尝尝苹果的味道吧……你尝到的果然就是苹果的味道。催眠术可以使你的神经传递得到改变，平时给你一个土豆的时候，你会用味蕾来感受它；而催眠术告诉你，你吃的是苹果，你会立即把大脑里苹果的味道调出来，让味蕾的神经传递封闭掉，嚼的是土豆，传给大脑的却是苹果的信息。

催眠的力量可以大到改善潜能，直至成功

英国心理学家、《力量心理学》的作者哈德飞，找了两组志愿者进行实验，分别给他们催眠。第一组：你现在身体非常非常虚弱，你已经变成婴儿了，你全身都很细小，你的手指像小鸟爪子那么瘦。你真的相信了，这时，给你一个握力器，受测者的平均握力是 29 磅。然后，对第二组进行催眠：我现在给你口中滴的是营养液，是泰森服用的营养液，你会像泰森一样强壮，你感觉到浑身上下都在发热，你的四肢正坚强有力地成长，你的肌肉在跳动，看，你的肌肉已经鼓起来了，你越来越强壮。你相信了，再给握力器——142 磅。把这些人都叫醒，处于非催眠的状态下，正常的平均握力是 101 磅。

所以，当我们是负性催眠的时候，我们的力量就减弱到平时的 1/3。当一个人认为自己不行了，真的相信自己不行的时候，他就丧失了 2/3 的能量。当你在高考的时候说,我不行,我还没复习好,脑子里果然一片空白;当你在工作的时候说,我不行,同事的业绩都比我好,自己完成的任务果然最少;当你在做生意的时候说,我不行,市场好像很疲软,交易的产品果然直线下降。这种负性、相信自己的不行的状态大量存在,会把你拉入失败的深渊。实际上,你不是不行,是你相信自己不行。

当你觉得自己长得不漂亮、家里没钱、学习又不好、同学都瞧不起你的时候,这些东西就变成真的,实实在在对你起到了作用。当你对未来充满希望,自信、努力的时候,你的前途也会随之向好的方向发展。我们每个人天天都在给自己做催眠,每个人都是催眠大师。

所以,想成功的人要培养自己良性的思维,每天把自己的优势调动出来,认为自己无论是在任何条件下、任何状态下,都能适应环境——"我不怕个儿高、还是个儿矮"、"我不怕自己学历高,还是学历低"、"我认为我始终是有本事的"、"我以后的命肯定是很好的"、"我有一个很好的妻子在等着我"、"有一大笔财富在等着我"……你会增加 1/3 的力量,你会增加克服困难 1/3 的能力,会有更多的成功、更多的财富、更多的坦途在等着你。

为什么有些人精力旺盛、生活从容、事业成功,大家都喜欢他?因为他拥有相当于 5 个人的力量。骄傲的人总比自卑的人厉害,虽然我们希望自己是一个很适当的人,但假如你现在还不是,宁肯自负也不能自卑。你可以先走到自大、自狂的路上,可能会碰壁,可能有些事情做不到,但是,你只要往前一直做下去,相信最终一定会胜利,有一句话叫"Keep trying",不断的尝试会使你真的靠近成功。

我有一个学生,是个爱美的女孩子,她非常喜欢莫文蔚,便向我请教怎样才能拥有像她一样的魔鬼身材和迷人气质。我看看那个女孩子,她长得很漂亮,而且也算苗条,只是对自己不够自信。于是,我告诉她,你回家在墙上贴几张莫文蔚的海报,每天起床后就学她的模样摆几个 POSE,连眼神、表情都要学像了,然后你就会越来越像她。后来,她真的这样做了,而且每天做完之后都对着镜子嫣然一笑,说:“你真漂亮,气质也好,越来越像她了!”也许,你听了会觉得可笑,但是奇迹却真的发生了——那个女孩成了全系闻名的美女,不仅因为曼妙的身材,更因为她出众的气质,很像她的偶像莫文蔚。

希望每个人都始终保持对自己良性的暗示,那么,环境的作用很大程度上可以靠心灵的力量来调节。而催眠的力量可以大到改善潜能,直至成功。

中国为什么出不了牛顿？

今天，我们讲点深层次、有价值的东西——中国为什么出不了牛顿？

中国13亿人当中，为什么迄今都出不了一名诺贝尔奖获得者？世界上，日本、尼泊尔、印度甚至非洲小国都有诺贝尔奖的获得者，号称“辉煌灿烂、五千年文明”的中国，自我感觉良好，却没有一个人获得诺贝尔奖，这只能说明我们的科技文化不被世界认可。

一个人要想有点发明创造，需要具备两个条件——闲、钱。钱是闲的基础。

发明创造的人要有“自由身”，有经济基础。举世瞩目的发明大王——爱迪生，小学三年级就耳聋了，却依然能对人类做出那么多贡献。大家猜猜，他什么时候拥有了实验室？当年，有个小男孩想飞，就找到爱迪生，他就在实验室里配了一种药，让男孩喝下去，肚子里产生许多气体，几乎把他变成气球了，差点把人胀死。那时爱迪生有多大？做出这么幼稚的事情，只有9岁！在外国，9岁的孩子就拥有自己的实验室，有大量的时间来做实验、搞研究，当然容易成功。中国人怎么去发明创造？从小，上学要上到二三十岁，即使留在学校、研究院等机构，又有几个人能拥有自己的实验室？我到现在还没有！

一般，发明创造一个项目需要十年时间。假如30岁学成开始钻研，照样不能专心致志。老婆要房子，孩子要玩具，父母要赡养。情人节老婆质问你："钻石呢？算了，换白金吧。"过了两年，还是什么都没有。"不要了，换人吧。"现在成年人为生计奔波，真正有钱、有闲、具备条件、安心搞发明的人很少。

也许，还有人在幻想：诺贝尔奖离中国不远了。大家都不要做这个梦，我们不是思维、天资不够，而是条件不够；发明家拥有充裕的钱、大量的时间，只有在人们不为基本生存顾虑的时候，才有资格发明创造，才可能出现中国的"牛顿"。

另一个问题：有钱、有闲是当发明家的必要条件，但有钱、有闲的人也有可能成为花花公子。在中国，有钱、有闲的人还是有的，但都没有什么建树。中国人出国后，却有可能成为"牛顿"。让我们来看看更本质的原因。

当欧洲人读了英国汉学家李约瑟编著的《中国科学文明史》后，一定会对中国古代特别是元朝以前所取得的科技成就惊叹不已，历史上的中国曾在科学技术方面居世界领先地位。然而，人们很自然会提出这样一个问题：欧洲在文艺复兴运动后产生了现代科学，而中国在14世纪以后却开始沉默起来，这是为什么呢？

中国最发达的时候是在元代之前，我们很多人对日本人有情绪。但日本人在网上发过帖子："我们喜欢元代之前的中国人，讨厌现在的支那人。"因此，我主张：明清以后的东西不要读，那是中国最衰败、没落时候的文化。那时以后出现了很多问题，一直延及现在。

提起《三国演义》，你最先想到的是谁？诸葛亮，关羽……众所周知，最早灭亡的就是关羽、诸葛亮的群体。诸葛亮英年早逝，曹、魏打到蜀国时，首都只剩下诸葛亮的儿子、孙子来守卫。诸葛亮曾哀叹——无人可用啊！他六出岐山，用了张包、关兴，都是张飞、关羽的儿子。当了一辈子的蜀国丞相、一辈子的蜀国元帅，刘备当势时，还有五虎上将，诸葛亮时，竟无一员上将。诸葛亮选拔人才的原则是“七观”。拿其中的第五观为例：“醉之以酒而观其性”。假如100个男人扔到烟花柳巷里，能出来10个就不错了，灌醉了再扔进去呢？恐怕一个也出不来了。可是，诸葛亮就认为当大将不能有七情六欲。

相比之下，曹操的人事选拔则比诸葛亮高明得多。他在《求贤令》中开宗明义：“士有偏短，庸可废乎？唯才是举……”曹操力排众议，在行阵中提拔重用了于禁、乐毅等人，在亡虏中招降张辽。这些人得到重用，战功显赫，魏之用人以长、待人以宽，成为三国中的最强者。

世间无完人，每个人都会或多或少有一点缺陷，只要看他的可用之处。诸葛亮所在的国家灭亡了，他的儿孙们都死了，而许多人最欣赏的却是这种人。从明清以来，中国人开始欣赏笨蛋、失败者、弱者，诸葛亮有什么好处？他最聪明，骂死王郎、气死周瑜、舌战群儒，却最早完蛋。我们最应该向谁学习？——司马家族。不到时候他不动手，司马懿跟着曹操，全国人民都骂曹操，到该收的时候，他把曹、魏收了，一举拿下江山。而我们忘记了欣赏成功者。

成功的男人有一项必备素质？——低调。我们身边的成功人士都是这样的，而大家看的是表面，不注重结果，忘记了关注成功。《红楼梦》里十二个仙女一般姑娘让人印象深刻，但结局都很凄惨，死的死，伤的伤，远嫁的远嫁，被抢走的被抢走，做尼姑的做尼姑。你整天把“葬花吟”背得滚瓜烂熟，心想：我是不是像林黛玉呢？最后你也完了，跟她一样了。——黛玉妹妹十六岁就夭折了。贾宝玉给她送簪花，她嗔怪道：“你是不是先给宝钗送过的？”看见树上有只鸟，宝玉说：“啊！春天来了，看，树上有只美丽的鸟。”林妹妹说：“可惜啊，只有一只，多孤单啊。”她非要凄凄惨惨，有病有灾才好。凡是“诸葛亮”、“林黛玉”，都要倒霉。四大名著的作者都是落魄的文人，如果你跟随他们的思维你只有落魄，因为消沉、懦弱、敌对都是他们的思路。我一直主张：四大名著不能读，谁倒霉就要早早远离他。近代的人像三毛、张爱玲、路遥，她们的书放在窗头，阴气太重。不如一把火烧掉。要是舍不得，开个玩笑，你最恨谁就把它们送给谁，让她变成林黛玉。中国真正的四大名著是《四书》，世界上，有那么多成功、健康的人：比尔·盖茨、撒切尔夫人、伊丽莎白女王、维多利亚女王……多体会这些书籍，多接触这些"高人"。

中国人过于讲究实用，不像欧洲的科学家那样强调理性思考

瑞士人说出了我们科技落后的原因，说出了为什么明清以后出现这么多问题。——中国人过于讲究实用，过分强调从经验中得出结论，而不像欧洲的科学家那样强调理性思考，以纯粹求知为科学之目的，并使自己思考的结果逻辑化、公理化。

我们现在学习的多是具体的、马上能派上用场的东西。多数人急功近利，很浮躁，很难守一。在一个专项上坚持不了三五年，难于挖掘优势，也不愿做一定时间的积累。另外，喜欢经验、方法，不喜欢理论性的东西，什么品质、逻辑、思维都可以不学，没用。

西方人眼中：中国人讲究实际，轻视灰色的理论教条，寻求一种自然的平衡和"中庸"。

你们平时都听什么歌？大多是有词的！可是维也纳音乐会听的是音乐，给人充分、自由的想像空间。清理一下你们的书籍、磁带，看有多少是有理性、有逻辑的。孔子说："兴于礼，立于诗，成于乐。"要找到内涵和本质的东西。《马可波罗游记》中记述了那时的中国：妻贤子孝，邻里和睦，路不拾遗，夜不闭户，锦衣玉食，遍地黄金……

想过得好，多听听纯美的音乐，多接触抽象、本质的东西，这样才能驾驭好你的学习和工作……若干年后，中国才有可能出个牛顿，出几个诺贝尔奖获得者。

中国为什么贫穷？ 15

古代的中国并不贫穷！

清朝以前，中国国民生产总值占世界总量的50%以上；民国时候，占世界总值的四分之一强，而现在我们的GDP只占世界的4%。很多中国人终日为钱所困，不少人为了脱贫致富，拼命地学习、考大学，但上了大学以后，又有许多人找不到工作，继续考研、考博。曾有一大学生毕业后仍留在家中，父母为使孩子能自立自主地生活，跪在地上求他去找工作。

我们现在的中国贫困到什么程度？小康线是年人均收入800美元。20世纪90年代初，台湾年人均收入为8 000美元，香港是6 000美元，俄罗斯是4 000美元，美国的贫困线是年人均收入9 300美元。20世纪70年代的美国，只要不是一家每人一张床，饭后有水果，每家都有私家车，都属于贫困人口。可是，在中国，绝大多数人还达不到这样的标准，城市里还好些，下面的县、乡、村都不知成什么样子了。

我们讨论一下，为什么我们发展得不好，穷困像噩梦一样围绕着我们？

在这里，我隆重推出一位学者——茅于轼。在他的《中国人的道德前景》中，分析了导致中国成为穷国的根本原因。既不是法律问题，也不是道德问题，但却是导致中国成为穷国的根本原因：

你追赶公共汽车时，车门已经关上；你写信时忘记写邮政编码，结果信被退回；红灯抢行，十字路口乱作一团；警察把乱设摊位的小贩的货物掀翻在地，甚至把小贩的三轮板车扔上卡车拉走；开会时因某人未到，大家等上十几分钟……

这些现象我们已经司空见惯，谁也没有想到它们与财富之间有什么关系。但从经济学家的眼光来看，这些现象是使中国成为穷国的根本原因。穷是因为许多生产潜力不能发挥，人们的劳动没有用在生产上，甚至用在了抵消别人劳动成果的行为上；更因为各式各样的浪费普遍存在，耗掉了社会上的巨大财富。不论你从事什么职业，改变一下你办事的原则都可能使社会的财富有所增加，当每个人都这样想时，国家就富起来了，你所支付同样的劳动便会得到更高的报酬。

穷是因为许多生产潜力不能发挥，
甚至用在抵消别人劳动成果的行为上

在美国等富裕国家里，我们看到的几乎都是相反的事实。中国人最大的问题就是内耗。

● 你早上5：30准备起床背单词，天下雨了。你想，应该从现在做起，但是下雨了，可你早就下定决心要背单词，心里斗争到八点，你想：也不差这一天，算了，还是从明天开始吧。

● 我喜欢这个女孩，日思夜想，一个月没好好学习，准备给她写封信。可要是被老师发现了怎么办？要是她不喜欢我怎么办？还是不写了。又过了一个月，不行，天天都想她，还是得写……到底写不写呢？

● 你上了三年大学，放假回家一看，小学同学的孩子都满地跑了，他开了个加油站，至少赚了几十万，开着小轿车，你还是什么也没有，一个穷学生。回到学校你想：走吧，上学有什么用，可是别人都说知识很重要啊，于是坐下来学习。但学习有什么用呢？特别是女孩子，即使毕业了，工作也不好找。学吧，学不进去，不学吧，干什么呢？同学们都出去玩了，你想：我可不能去，会影响学习。正学着呢，想到：他们现在玩得多开心啊！心思不在课本上了。可是如果一起去，又觉得浪费了一天。脑子里像有两匹马，往两个相反的方向拉你。

有这种毛病的人很多，他们总在不停地内耗，世界上最大的浪费资源就是自己跟自己内耗。

女孩子整天想，我要自立自强，不依赖男人。甚至有女孩想，我什么时候能变成男人？这是典型的内耗理论。妻子跟丈夫作对：昨天你10：00回家，今天为什么10：10，干什么去了？不说我就回娘家！他去找你，亲自认错，你还不依不饶，两个人一辈子吵闹，甚至有理论认为“夫妻没有不吵架的”，我们都司空见惯了，把不正常的当作正常的。这种内耗会产生很强大的摧毁力。其实，女人有女人的优势，男人挣不了钱不能退回家洗衣服、抱孩子、做饭，别人会说他是窝囊废，女人在外面有事业，自然非常好，没有，即使回家也可以做个贤妻良母。

最大的作对就是自己跟自己作对，许多东西就这样被抵消。看看你身边，是不是有很多小事情天天在发生：他为什么比我学习好，比我长得好，比我有钱，我不想承认。这种内耗是没有任何意义的，只会带来贫困。学习就好好学习，谈恋爱就好好谈，回家就好好对待丈夫，工作就一丝不苟，这会省多少事！把头脑中所存在的斗争、冲突统统消除掉，这是你拥有财富、得到幸福的关键所在，也是中国脱离贫困的唯一途径，当然，每个人都要这样。至少需要三个月，形成一种新的习惯，说学习就学习，说旅游就旅游，任何时候脑子里都不冲突。

不要以为自己不跟自己内耗是件小事，这正是中国经济发展、人民生活富裕的必由之路。

我在这里讲一个故事：美国有一条街道看起来有些陈旧了，准备修草种树，改变生活环境，但政府的钱不够，只好暂停了计划。有一家住户先在自家门口植上绿树，修剪了周围的草坪，邻居们纷纷效仿，很快整条街道就焕然一新、万象祥和。不要考虑别人，你先不和自己“内耗”，把自己发展起来，等你有车有房的时候，中国的经济自然就上去了。

16 人际吸引，培养知音

人与人之间相互“需要”的关系产生了人际吸引，所以，多满足别人的需要，你就会变得有魅力、有价值。

人际吸引包括五大要素：仪表、邻近、相似、能力、人格。我会专门讲到仪表，现在，先来讲讲——邻近。

1950 年，普斯汀格对麻省理工学院 17 栋已婚学生住宅楼的统计发现：同一层楼，与邻居交往的占 41%，隔一个门交往的占 22%，隔三个门交往的占 10%。由此，我们可以得出结论：人类的心理距离比空间距离更明显，人们更愿意与周边的人交往。

邻近有许多好处，积极的说法是：远亲不如近邻。还有一种中性的说法：兔子不吃窝边草。坐山雕就曾经说过：兄弟们，我们该行动了，但不要惊扰周边的群众。鲁迅先生笔下的阿Q从来不偷本镇的人——连贼都重视身边的人。最消极的说法是：老死不相往来。就像现代社会的人们，“我找老张，请问他住哪里？”“不认识。”其实，老张就住在你楼下。

邻近是多向的，要采取积极的做法——重视身边的人。因为邻近有许多事情好办，说个不恰当的例子，即使是考试作弊，也必须动用邻近的关系。比如，同学聚会那天，你的孩子没人照看，你妈妈很愿意帮你，但她人在东北，地域所限，有心无力。交给好邻居就放心了。“你们尽管去，孩子我来看。”多豪爽！第二天，你家请客，来了15个人，凳子不够用，买吧？只用一次，过后又没处放，向邻居借就方便多了。“老李，你家的凳子搬来让我用用，都搬走了啊！”“那我们中午吃饭怎么办？”“你们就站着吃吧……”大家一笑，关系好就可以这么无所顾忌，很多事情如果不是邻近，根本无法帮助。

日本的松下幸之助有一段话这么说：“世界上没有比人与人之间的关系更不可思议的事情了，如果那个人不到公司来，很可能在这个世界上，彼此永不相识。回想起来，人的一生中往往受到缘分之操纵。人与人之间的关系，实在不可因个人意志和思想而轻易断绝。它在冥冥中似乎受到某种更高层次的力量之影响，我们更应重视现在的人际关系，同时感谢这一切。”

世界上发达国家的孩子都会崇拜自己身边的人，像父母、长辈、老师等等。将来你开了公司，当了老板，你想不想爱因斯坦来你的公司，你想不想比尔·盖茨为你工作？但是，你想的这些人对你来讲都是零。假如爱因斯坦的能力是100，你以及你的同学、朋友的能力是30，比爱因斯坦少70，但如果你聘用10个、100个，就是300、3 000，所以，你认识的身边的人才是最有用的，而爱因斯坦永远都不可能来到你的公司。安全需要的基础就是“小代价原则”。松下的企业做得如此强大，就是遵循这个理念：只要这个人靠近我，我就重用他。重视现在的人际关系，就是靠近希望。

有一段很美的语言，这样描述：世界上那么多国家，你却来到了我的国家；国家里那么多城市，我们却走进同一个城市；城市里那么多街道，你却踏入我住的街道；街上那么多人，我却遇见了你；周围那么多咖啡店，而你就坐在我对面。

想一想，现在，我们何尝不是这样？中国那么多省份，你却来到了河南；河南那么多城市，你却来到了郑州；郑州那么多大学，你来到了财院；财院那么多专业，而你就坐在我的教室里。

这样想，我们就会珍惜。

管理心理学研究发现，和达到顶峰的人一起合作，结果并不像想像中的那么顺利，反而是那些没有成名成家的、现阶段充满上进心的人容易管理、合作，最终成功。

人际吸引的另一个特征是——相似。相似就是默契、共鸣，英雄所见略同，是一种奇妙的感觉。

有一天，你在教室写作业，觉得天气闷热，正想着，有人走过去，推开了窗户；过了一会儿，天色渐渐暗下来，你正觉得眼前昏黑，又是那人站起身把灯打开；学到傍晚，觉得有点疲劳，他刚好站起来说："谁愿意和我一起出去散散步？"。你感觉和他之间挺有默契。第二天，老师上课讨论《红楼梦》，你说，曹雪芹写得不好，太悲了。大家都不同意你的观点，老师也不赞同。突然，他站起来，说："《红楼梦》就是崇尚悲剧，主人公林黛玉整日悲秋伤春以泪洗面，春夏秋冬没有一天不惹到她，孤僻清高，埋个花瓣都能感怀到所谓寄人篱下的身世，不夭折才怪呢！……"一席话驳得老师哑口无言，大家对你的观点也认同了。你心头一热，此后，就格外关注他，不再把他当普通同学看。

历史上有一则故事叫《知音》：春秋战国时候，楚国人俞伯牙在晋国做大夫，他平生酷爱音乐，创作了两支最为得意的曲子，可是大家都不欣赏。如果你的东西，一个人不欣赏，两个人不喜欢，可以说他们水平有限，但如果所有人都不欣赏，你就得考虑一下原因了。俞伯牙就一直琢磨：到底是我的水平不行，还是他们领悟不了呢？这一年八月十五，俞伯牙回到楚国，独自一人在江口扶琴赏月，忽然，发现岸边有一樵夫似乎在侧耳倾听。伯牙心头一动：莫非故乡有知音？赶忙招呼此人上船。"先生，您怎么称呼？""在下钟子期。""钟先生，您在听我弹琴吗？""在听。""请您听一曲——"曲毕，钟子期说："先生的琴声，巍巍兮，如高山横亘于眼前。""我这曲子就叫《高山》啊！请您再听一首——"音落，钟子期道："这一曲潺潺兮，如汩汩东流的江水。”“哎呀，这首正是《流水》啊！”俞伯牙大惊失色，终于找到知音了！两人一见如故，相约来年今日再相逢。第二年，俞伯牙应约而至，钟子期却因病去世未能前来。伯牙痛不欲声，摆开古琴弹了《高山流水》之后，一把将琴摔碎，“没有了知音，从此不再弹琴”。

人际吸引，培养知音

既然知音难寻，那么，它是天生的，还是后天可以培养的呢？

天生的叫缘分，像伯牙和子期，可遇而不可求。但在很大程度上，知音是后天培养的结果。可以这样理解：

假如你一米七八的个子，英俊潇洒，大学期间一直是班长，家里又有背景，毕业后，爸爸就安排你到大公司上了班。领导任命你为办公室主任，月薪5 000元，开着捷达汽车，上级李总拍着你的肩膀说：“小张啊，我和你爸爸关系不错，看，你一来就做了办公室主任，要好好干啊！”你也很努力，想干一番大事业。一天，李总请税务局长吃饭，带着你：“小张，来，这回你点菜。”你很激动，这下可要好好显示显示，点了几个平时点击率最高的菜:"京酱肉丝,酸辣土豆丝,番茄鸡蛋汤……",你还没说完,局长就站起来:"李总,我今天还有事,先走了。"李总白了你一眼:"小张啊,你回去多想想吧!看你点的都是什么菜,局长哪会吃这些!"你一肚子委屈:以前在学校点的都是这些啊,有什么不好?

过了一段时间,李总要去欧洲考察,又找到你:"小张,我这次要到欧洲考察,你嫂子不在家,你去给我买两套西服。"你买回两套,都是欧版——"皮尔·卡丹"、"苹果",李总往身上一穿,还能再装下一个人。"算了算了,还是穿我原来的吧。小李啊,你又帅又有文化,可怎么你一来,我觉得事情就这么别扭呢?你在家自己反思一下。"

李总欧洲之行收获很大,还谈成了几千万的生意,心里很高兴,请客吃饭,"小张,点菜!"你还记得上次的教训,这回什么贵点什么,"龙虾、山鸡、膏蟹、鲍鱼……"李总又皱起了眉头:"停,停,停,这怎么吃啊!小王,你点!"旁边坐着司机小王,又矮又瘦:"好,李总,我试试,小葱拌豆腐、油炸老鳖蛋、三煎黄鱼……"李总一惊:咦,他怎么知道我的心思?"小王啊,你咋知道我喜欢吃这些?"小王腼腆地一笑:"我就觉得李总您应该喜欢吃。"

过了一段时间,李总又要出国,"小王,去买两套西装。"这回不找你了。小王买的是国产名牌"罗蒙"、"杉杉",老总一穿,正合身。直接穿着走了,走之前交代:"小王、小张,你们俩的位置调换一下。小王,你做主任,开捷达汽车,月薪 5 000 元;小张,你以后给我开车吧。"

为什么小王受到李总的重用,和上司这么知音呢?小王知道:我学历不高,个子不高,长得又不帅,所以,平时要更用心,找到自己的优势,才能得到提拔。他这样想,就注意观察,处处留心。跟老板一起吃饭时,每次他都记住点了什么菜、喝的什么酒,回去整理出来,发现有几样菜是李总每次必点的。经常帮李总拿衣服，他也留心看，李总喜欢穿“罗蒙”的牌子，国产的，因为他的身材就适合这种款型，欧版的西服都是大高个子穿的，不适合李总。所以，买西服时，他早就知道该买什么颜色、什么尺寸、什么牌子。

所以说，知音的后天培养更重要。老板用人就要用和自己有默契的，才能节省时间，提高效率，办事顺利。他心里清楚：我们的默契是不用言语的，换个人就不行，事情就办不好。

那么，是不是要迎合所有的人，和所有的人都培养默契呢？当然不是，但至少有三类人你应该这样做：老板、丈夫或妻子、孩子。

老板关系到你的前途、地位，和老板关系不好，你的饭碗就会被人抢。很多人不是不帅，不是没本事，不是没学历，而是没和上司形成默契。再有本事，你的顶头上司也要伺候好，让他用你用着顺手，不要和他对着干；他的公司发展得顺利，对你有百利而无一害。对他来讲，需要很多和他默契的人，他成功、有钱了，自然泽及下属。你的丈夫不回家，因为你总是指责、唠叨，他和你没有共同语言，却和“小姐”有默契。孩子也不听话，增添你的烦恼。假如老板开除你，老公找别的女人，孩子去网吧、不回家，你就太失败了！你的日子怎么过？

那么，怎么做才能把身边这三类人的关系搞好？老板离不开我，丈夫只想着我，孩子最喜欢我。——你要知道他的是十个习惯，十个爱好，十个心愿。有这三十个，你就能牢牢地抓住他，还要练得很熟，不显山不露水。

周杰伦是我最不喜欢的歌星，他的歌曲，词儿都唱不清，也没什么旋律，唯一一个优点就是也姓周。但我儿子就最喜欢周杰伦，他也知道我不喜欢周杰伦。我在家听着音乐，到儿子该放学回家了，听到他的脚步声，我就拿出我的CD，放进周杰伦的CD，儿子进门就听到自己最喜欢的歌曲，还正好是第一句，他会怎么想？——爸爸知道我喜欢，他爱我。这样的事情，老师做不到、同学做不到，只有我做得到。他怎么会不爱我？

如果一个男人，他的妻子知道他最爱喝什么酒、最喜欢吃什么菜，他就不进酒吧、不去饭店，去了哪儿都不对口味，还是回家吧！这个工夫必须得下，否则，你就等着吧：你的老板不喜欢你不提拔你、老公不理你不回家、孩子也不爱你不听你的话。

人际交往的第四部分是能力，当然，所有人都喜欢有能力的人。

第五部分是人格，前四位都可以不考虑——但人格必须重视。我就看中这个人，他让我敬仰、服气，这就是人格的力量。人格即命运。

这五部分不可分割，都很重要，是人际取胜的法宝。

蚂蚁与钻石

方法论听起来很玄妙,但对人生的作用巨大。其价值就在于：怎样才能达到目的。假如你要去火车站,就会有各种方法,你是选择走路去,骑车去,乘船去,还是坐飞机去？这就关系到人的理念问题。

孔子讲过一句很有名的话。一天,孔子的弟子问老师:“人死了有什么结果呢？人最终的意义是什么?”孔子曰:“未知生,焉知死!”这是中国人思考人生意义最典型的说法。孔子的意思是,你活好了吗?如果还没有活好,就别说死了能有什么,你连活着都还不清楚,为什么去管死后之事呢？张岱年说过:“在生活时,只应关心生,不必想到死;只当求知生,不必求知死。不关心终极意义,只关心活着的过程。”这,是一种理念。

明朝,王船山曰:“目所不见,非无色也。”——不是所有的颜色我们都看得见,像红外线、紫外线。“耳所不闻,非无声也。”——耳朵听不到,并不是没有声音,如超声波、次声波。“言所不通,非无义也。”——言语不能表达,并不是没有意义,像恋爱中的相视而望,没有话语,却更有意义。故曰:“知之为知之,不知为不知,知有其不知者存,则既知有之矣,是知也。”2002年,世界科学大会宣布,我们对世界的了解能有1%就不错了。科学家说：我们知道的越多,就发现自己对世界的了解越少。

知识有很多，比如，手表可以知道时间，电脑可以知道信息……但你所学的知识在1%中占10%就不错了。知识只占很小的范围，假如你以知识生存，就会限制自身发展。

我们不知道许多未知的事物。中国古代，人们看见打雷很惊恐，于是就有了雷公的说法——传说天上有雷公敲锣，同时，电母甩动手帕，才有了电闪雷鸣。等到福兰克林在雨天用风筝引下闪电，人类才揭示出自然的秘密，后来，我们的飞机飞上天去，也看不见雷公、电母。我们就这样逐渐由不知到少知，由少知到广知。近日，有报纸刊登，2050年，人类就可以用电脑备份人脑，人就可以万古长存。现在，虽然做不到，但未来总会出现。

还有一种，过去存在、现在存在、将来存在，但我们永远不知。世界两大哲学家之一的康德提出《不可知论》。他这个人很奇怪，一生没有离开过自己居住的小村庄，但思想远播世界。

康德虽然承认外部世界的存在，承认人的感觉是外部世界引起的，但是他把物质存在和运动的形式——时间和空间，以及物质世界的普遍联系和相互制约的规律，如因果性和必然性等，看成不是客观事物本身所固有的，而是人的主观意识加给客观事物的，他认为人所认识的仅仅是外部世界的现象，而外部世界本身是人的认识能力达不到的，是不可知的。

例如：一个6岁的小男孩站在一片麦田中，看见一窝蚂蚁。蚂蚁出洞只做一件事情——觅食，不可能逛街，不可能上学，不可能谈恋爱。他不踩它们，要等到蚂蚁拉着麦粒回到洞口才去踩。哦，他是在玩弄蚂蚁，在搞恶作剧，这都是我们可以理解的。他又把蚂蚁放在手上，蚂蚁向下爬，因为它的家在下面，若是翻过手来，它仍然转头向下爬。你是旁观者，蚂蚁是当事者，但它永远不知道有个小孩子在玩它、在折腾它。就算办了所学校，讲：小蚂蚁啊，我告诉你，是有人在玩弄你，它还是不知道。对于蚂蚁，虽然它是当事者，但永远不知。因为蚂蚁的世界没有人的存在，它的智商到此为限。

一天，你和妈妈上街，正走着，忽然你摔了个跟头，不知道怎么回事；回到学校，和男朋友一起走路，又被绊了个跟头。别人都好好的，偏偏你总是绊倒，按照康德的理论，这件事情不能轻易下结论，说不定有“什么”就在我们身边，也在玩我们、折腾我们，只是我们永远不知。

蚂蚁知道什么呢？它出来找食物，走着走着碰到一条铂金项链，夺目耀眼，它不要；又碰到一颗大钻石，价值连城，它不理睬；碰到手表，还是不要。我们可以说：蚂蚁多傻啊！一颗钻石能换一粮仓麦子呢！它却继续走下去，终于看见一粒谷子，这回高兴了，拖着粮食回家去。

它可知的是谷子。康德认为高一层的可知低一层的，但低一层的永远不知高一层的。换作谷子是当事人，它也不知蚂蚁在拉它，要把它吃掉。但谷子也有所知，它可知温度、水、肥料、阳光，它春天发芽、生根，秋季成熟、收获。

蚂蚁的世界，有谷粒，没有钻石

人类身上凡是带有命运性质的东西，我们都将永远不知。

人生的意义是什么？许多人提到这个话题，多数人没有答案，你压根儿就不要去问。因为意义虽然存在，但你永远不知，是我们不可理解的，是人类的力量所不及的。

世界上最富有的国家是瑞士，最强大的国家是美国，最和谐的国家是新加坡、其次是北欧四国。新加坡靠什么和谐起来？那里的国教是儒教，他们信奉孔孟，国师是王阳明。王阳明做过元帅，打过仗，而且百战百胜；做过大官，军事、政治都很出色。我讲过：一流的人才在军界、商界，一场战争就是十万人的生命，一次买卖就是3 000万的资产。所以，王阳明是真正的成功者。他的思维就是："充天塞地中间，只有这个灵明。"——世间只有灵魂。"人只为形体自间隔了。"——人只看到肉体，没有看见灵魂。"我的灵明，便是天地鬼神主宰。"——一切受我灵明的主宰。"天没有我的灵明，谁去仰他高？地没有我的灵明，谁去俯他深？鬼神没有我的灵明，谁去辩他吉凶灾祥？天地鬼神万物，离却我的灵明，便没有天地鬼神万物了。我的灵明，离却天地鬼神万物，亦没有我的灵明。"——我的灵明也要去感知天地万物。"如此，便是一气流通的，如何与他间隔得？……今看死的人，他这些精灵游散了，他的天地万物尚在何处？"——天地万物的存在，依靠人心之灵明。离开人心之灵明，则天地万物无有。一人之死，其心之灵明消逝，他的天地万物亦即不存在了。阳明是说：一人有一人之天地万物，依靠其心之灵明而存在。

还有一个例子："先生游南镇，一友指岩中花树问曰：天下无心外之物；如此花树，在深山中自开自落，于我心亦何相关？先生曰：你未看花时，此花与汝心同归于寂；你来看此花时，则此花颜色一时明白起来。便知此花不在你的心外。"

你心中无花，你的世界便无花，你来看时，看见花蕊、花瓣，你的世界才有花。因此，花在你心里。假如一朵花开在皇宫，国王有车、有房、有花、有妃子，他可以出来，告诉全体国民：世界有花。国家的另一端，一个孩子长在垃圾堆里。那里没有花，等他死了，他会认为世界上没有车、沙发、香槟、花。王阳明认为：世界不能以物有没有来判断，要以心能不能感受到来判断。乞丐没有睡过席梦思，没有喝过香槟，没有开过车，因此，他认为世界上就没有车、香槟、席梦思。

新加坡就认为：我有一朵花、一个花圃，不能认为世界有花，要让每个人都有花，才叫有花。花园式国家就是要让国民都有花，真正住在花园里。

财院有没有奥迪汽车？没有！因为只有院长有——不算有。让每个人都感受到奥迪，才算有奥迪。

当一个民族有这种思想的时候，就会这么去做，像美国。

当一个民族有那种思想的时候，就会那么去做，像中国。

不是首都有天安门广场，中国就有广场。一个人16：30分下飞机到郑州，有人开车来接他，回到别墅，娇妻美子，他会觉得郑州很好。一个农民来到郑州，没有工作、喝凉水，会说“郑州，好苦啊”。这两个人并不是都生活在郑州，这两个郑州是不一样的。

王阳明的观点可以总结为：“不知觉即不存在，人不感物即无物；受知觉然后为存在，感物然后有物。全宇宙乃依心而有。阳明又以为良知是心之本体，宇宙依心而有，也即是宇宙依良知而有。”人这辈子应有美食吃、有好衣服穿、有亲人爱、有好地方玩。假如你一辈子和垃圾、痛苦在一起，你一辈子就是这样了。你要想感知什么，就多和这样的人在一起。你是什么并不是什么，而是来自于你感知到什么和给别人什么样的感知。感知什么即是什么。

另一个境界：有是有，不等于求。王阳明和朋友看花。应该说：花多好啊。而不应想我还没看过海呢！

新加坡就是这么做的，他们利用了自己的阳光。瑞士不可能处处有花，那里冰天雪地。美国不可能处处有花，那里的阿拉斯加冷得很。撒哈拉不可能处处有花，那里的沙漠很麻烦。而新加坡一年四季阳光直射，终成花园式国家。很多人嫌自己没有巩俐漂亮、没有李玟性感，不安于自己的优势。有，就是用足你所拥有的，而不是求你没有的。

有财院足矣，你还想要多少？

18 吃鱼的马与最佳人格

现代社会，有很多人不快乐，总以为坏心情源于自己没钱，没工作，没女朋友，人际关系不好……但也有人，有了钱、有了工作、经济基础很好、朋友也很多的时候，依然不快乐。带来快乐的因素有很多，起决定作用的却是人格。面对同样的问题，不同的人格往往造就不同的结果。

娜达丽娅是俄国诗人普希金的妻子，婚后被丹特士苦苦追随。只要哪里有娜达丽娅的身影，哪里就有丹特士。他曾在公开场所挑衅，为娜达丽娅的健康干杯，并邀请她跳舞，大声说着恭维话；还与娜达丽娅单独约会，表白自己的爱情，并用自杀来威胁对方接受他。在丹特士的强势进攻面前，娜达丽娅陷得越来越深，甚至不顾丈夫的禁止，参加年轻人的聚会，与丹特士四处招摇、我行我素。

在我们看来，这算是相当过分了，男人必须要采取一些行动。普希金也是这么认为，为了捍卫自己的尊严和妻子的荣誉，他毅然决定向丹特士发起挑战——决斗。那个时代，只要决斗的一方取胜，就有权拥有他心爱的女人。双方制定了极其残酷的标准：射击的距离只有十步，谁把对方刺倒就算获胜。

1937 年 1 月，决斗在黑山进行，伟大的诗人死了，他的妻子也被人们永远唾骂。普希金的人格造成了他一生的悲剧。

同时代，还有一个故事。美国南北战争正在打响，南方的庄园主不满意北方佬的统治，不希望废除奴隶制，怎么办呢？他们聚集在一起，想出了一条妙计。由于当时也流行决斗，他们在南方找到一个快枪手，以一火车皮的黄金作为酬赏，让他和林肯决斗。这个家伙是全美国拔枪最快、射击最准的人，就欣然接受：放心吧，我去干掉林肯。

骑士时代有这样的风俗，你可以决斗，无论是胜还是败、是死还是生，大家会非常尊敬你，但如果不敢决斗，全社会都会鄙视你。林肯如果和快枪手决斗，就像我们平常人和许海峰（中国著名的射击运动员）比赛射击一样，结果是显而易见的；如果不和他决斗，大家都会知道：哦，原来林肯是个胆小鬼！不管林肯答应也好，不答应也好；前进也好，后退也好，他都是"必死无疑"。怎么办呢？

这里就用到了心理学上研究的人格的一个重要组成部分——幽默。弗洛伊德认为："通过幽默，可以使我们的敌人变小、变弱、变得可鄙和可笑，我们将以一种迂回的方式获得了愉快并战胜他。"

林肯就是一个极具幽默特质的人。大家都知道林肯长得很丑，有一次，某人跟他说：林肯啊，你就是个"两面派"，做事情两面三刀。林肯笑着，答道："让大家评评理，我要是有另一副面孔的话，还会戴着现在这副难看的面孔吗？"

林肯出身贫贱，没上过大学，却成为美国最受欢迎的总统之一；他一生充满坎坷，饱受挫折，却不屈不挠地追求个人的政治抱负；他的长相丑陋无比，不修边幅，却迷倒了千百万美国人。是什么使林肯有这样高的感召力呢？就是幽默感。

终于等到这一天，南方的快枪手来了，准备办完事就去领一车皮的黄金："怎么样，林肯先生，敢不敢和我决斗呀！"林肯慢悠悠地说："当然，只要你答应我三个条件，我就和你决斗。"快枪手一听，别说三个，就是三十个、三百个也没问题。"好，第一，咱们不能在总统府决斗，这里都是国家财产，我的枪法不准，打坏了不好交代，得找个宽敞的地方。”——好。“第二，你不用住宾馆，咱们现在就比，你也好尽快回去领黄金。”——好。我更希望这样，最后一条是什么？“咱们先出去，到了地方再说。”到了一个宽敞的养牛场，“武器是牛粪，一人一筐，直到砸死对方为止。”说到这里，全场哄堂大笑，无论南方人还是北方人，大家知道，只要林肯说出这句话，他就赢了。快枪手走过来，握住林肯的手：“总统先生，您已经赢了。”

心理学研究发现，当科学、哲学都没有办法解决问题的时候，上帝给了我们第三条通道——人格，动用一下你的幽默感。

幽默不是齿轮式的思维，环环相扣，假如你被别人卡住，就不走出来；幽默也不靠道德、伦理进行，如果按伦理道德，林肯或者决斗，或者逃避，最终都会伤害自己；幽默靠人格的魅力，它相当与一个船帆，顺风的时候一帆风顺，逆风的时候会自己调整角度，向自己的方向侧进，到了一定的程度再向自己的目标侧进，通过“之”字形的航道，最终到达目的地。风帆的特点就是——在它看来没有对立面，只有带来利益、带来推动的力量。

其实，“幽默”这个词的出现也就是几百年的历史，一个男人要有男子汉气概，既把事情办成、又不伤害别人的最佳的品质就是幽默。一般来讲，幽默感是有攻击性的，因为你碰上了问题，但这种方式必须以对方可以接受，或者比对方想到的办法还好的时候，才能实施。好人——不是人的最佳品质，因为太好的人会受欺负；恶人——更不行，祖祖辈辈都会产生对立和麻烦。我提出要做“成功、健康、幸福”的人，这种人不能缺少幽默感。美国最伟大的将军麦克阿瑟在给刚出生的儿子祈祷时说：主啊，请赐予我的儿子坚强勇敢，请让他能认清自己，请不要让他贪图安逸，让他学会在暴风雨中挺立，在赐予他所有这些美德以后，请赐他以足够的幽默感。那么，作为他的父亲，我敢于对人低语：“我这一生没有白白度过。”

许多伟大的人物都会运用幽默感，化解尴尬的场面。弗洛伊德解释说："不友善的幽默能够把我们的敌意以社会可接受的、轻松的方式表达出来，使我们的紧张得以宣泄。"比如，孙中山年轻时在美国跟《泰晤士报》的一个记者过往甚密。一天，这位记者约孙中山打网球，一不小心把球打在孙中山的前额上，他却说："这是英国人的打法。"孙中山忍痛跑向前，抱住记者，用巴掌使劲地打他的屁股，并笑着说："这是中国人的打法。"

德国著名诗人歌德在公园里散步，走到一条小径上，巧遇一位尖锐批评自己作品的批评家。"我从不给一位笨蛋让路。"批评家傲慢地说。"我正好相反。"歌德笑道，并让出路来。

看，这就是幽默的力量！那么，你是不是具有幽默的人格呢？我来测试一下。

从前，有一个人骑着一匹高头大马在冬夜里疾行，天降雨雪，他冻得浑身发抖。好不容易找到一家客栈，里面有一个壁炉，围着许多人在烤火。他可以拿出一副可怜相："大家行行好，我快冻僵了，让我烤烤火吧。"但实际生活中，人们对可怜的人很少会给予尽心尽力的帮助，"你冷，我们不冷?！我们都是被淋湿的，先来后到，你等着吧！"另外一种方法就是"打"——"让开，不让就打你们。"人家一大群，但他很有可能打不过他们。有没有什么办法，把事情办成，又不产生伤害呢?

他采取了这样的办法。"老板，我要吃饭，来三条鲈鱼；我的马也要喂，它不吃别的，只吃鱼，也来三条鲈鱼吧！"大家一听，吃鱼的马——没见过。所有的人都跑出去，看马吃鱼。过了一会儿，大家都回来了，面带微笑："这个家伙，骗我们，你的马根本不吃鱼！"但没人讨厌他，只留下一段美妙的故事。

当我们碰到麻烦的时候：儿子和你作对，丈夫和你意见不一致，同学拿你的橡皮，领导安排困难的工作，女朋友跟别人跑了……你能不能想起来"吃鱼的马"呢？把不良的因素转化为有利的形式。当然，这不是一天两天的事情，要花费很大的工夫去

幽默靠人格的魅力，最终到达目的地

练就，将自己的人格加入更多幽默的元素。

目前，在美国，如果一个总统没有幽默的能力就很难担当重任。比如，林肯的一生是在接连不断的磨难中度过的，挫折是他生活的主旋律，抑郁是他人格的大敌，但他学会用幽默来化解这一切。林肯不仅改写了美国的历史，也影响了美国领导者的领导风格。在他之前，美国总统一直是不苟言笑的职业形象，在他之后，幽默成为总统的一种能力。由于他的幽默，美国老百姓也从早年清教徒的刻板的生活方式中解脱出来，幽默从此成为美国文化的新风尚。

幽默不是回避问题，更不是插科打诨。幽默的力量在于自我调节，人在心烦时，可以去吃东西、运动、找心理医生，而幽默是不需要成本的调节艺术，是智慧的化身。

先找 50 个幽默故事，把它们讲熟、讲透、讲好，它会潜在影响你的思维方式。平时和亲人、朋友在一起，不要说“张家长、李家短，自己多难受，生活多不顺利”，而是讲些幽默的故事。时间长了，幽默就会走入你的人格，使你更具吸引力。

教育之本　彰扬天性 19

中国《三字经》云：子不学，非所宜。——孩子不愿学习，可能他就不适合学习，所幸他及早地认识到了自己安身立命之长并不在功课上面，我们应该高兴：没准儿这孩子天生就是一名商人、军事家、政坛领袖！

千秋大业，以人为本——从来没有以学习为本、功课为本、知识为本、学历为本！

我讲过了，大肆渲染悲剧的明清《四大名著》，我们应该怎样对待？坚决不看！其实，中国有一部全世界都奉为经典的著作，也是我最推崇的、中国真正的"四大名著"——《大学》、《中庸》、《论语》、《孟子》。

作为《四书》之一，《大学》开篇第一句有言："大学之道，在明明德。"教育与天性的玄机，深藏其中。

"明明德"是什么意思呢？第一个"明"乃名词活用作动词，当"彰显"解；第二个"明"仍为名词，大意就是"优良的"；"德"意为"天性"。合在一起就是：要彰扬你与生俱来的优良的天性。记住——彰扬天性！

现代人心理学研究与两千多年前中国孔孟先知的思想不谋而合：即人的许多优秀心理品质，每个孩子天生就有——教育，就是把孩子本来拥有的天性展现出来。

《大学》开篇第一句有言:“大学之道,在明明德。”

回想起来,你们从小接受到的教育便是“两耳不闻窗外事,一心只读圣贤书”、“书山有路勤为径,学海无涯苦作舟”……秉烛夜读的时候,有“囊虫映雪、凿壁取光、悬梁刺股”来自勉;嬉戏玩乐的时候,有“业精于勤,荒于嬉”以自责;听着“万般皆下品,唯有读书高”的古训,想着“少壮不努力,老大徒伤悲”的谆言,不知道压抑掉了多少天性!——所有新奇的念头都被叫做“胡思乱想”,所有感兴趣的事情都被叫做“不务正业”,甚至“只要学习,衣食住行都不用你操心”,而当终于到了“五谷不分”、“不谙世事”的时候,又忽然发现现在的孩子除了知识,还欠缺太多综合素质。什么叫做“素质”——除去所有的知识,剩下的就是素质。

每年该开学的时候,都有许多考上财院的学生选择了复读,而不来报到,准备明年再考重点大学。有人甚至为了考上清华、北大连续考了八年,听了都觉得可悲!不要以为人首先应该学习,除了学习,可以什么也不会。

看看我们伟大的孔圣人是怎么说的。有一天,孔子到卫国,冉有驾车陪伴。孔子感叹:“这里好多人啊!”冉有问老师:“人多以后应该怎么办呢?”孔子说:“让他们富裕。”冉有又问:“富裕以后又该怎么办呢?”孔子答:“教育他们。”看,孔子在两千年前就知道,学习不是第一位的,最后才是教育,首先要致富,要活下来。

美国华盛顿总统,和他的将军在打仗的时候眼看就要战胜英国了,两个人骑着马缓辔而行,华盛顿说:“我们可以把美国建设好,让我们的孩子都读书。”这个将军就跟他讲:“华盛顿将军,您不能这么说,我们这一代人的使命就是让美国立起来,把建设美国的任务交给我们的儿子们,把读书、做贵族的任务交给我们的孙子们。太急于做什么事情,你就会把这件事情给毁掉。”华盛顿后来接受了这个建议,先把美国建立起来。让孩子们都住大房子,有花园、有汽车,把这些硬环境都做好,再送孙子们去读书,读书后才有知识,才有发明创造。假如首先考虑读书、学习、教育,还在吃不饱,穿不暖,没有房子住的时候,人们根本没有心情。所以,我们要认识到,第一要做的不是教育。

而且,天才不一定都是教育出来的——我们所受的教育培养不出牛顿、达尔文、爱因斯坦……,那些诺贝尔奖获得者到了中国,可能连高中都考不上。因为我们的教育家们不给孩子机会:孩子偏科的时候,不被认为是发现和培养兴趣与优势的机会,而是众口一词要求“全面发展”,从没有谁关注我们的天性、保护我们的天性,更没有谁会教我们发扬天性……

但是,孩子们,你们要把自己当人看,找出你是谁?你的优势在哪里?你的天性当中,不用学就比别人高的优势是什么?要相信你的天赋;把人生立足在优势上,才是最明智的做法。

在很多方面,各人有各人的特点。每个人都有自己的优势,你们现在要做的就是找到自己的优势。在本子上画一个100个方格,横十格,纵十格,我们假设人类所有的能力有100种,那么你擅长的可以占几格呢?一般来说,应该占1～5格,能占10格的就是天才了。

最高深的学问在于彰扬孩子的天性,教育的目的主要不在于给孩子多少知识，而在于你一定要认清自己是谁，你的优势何在。知识永远都不是第一位的，毛泽东的学历是小中专，没学过军事，可是周围的一圈打过来，我们都赢了。毛泽东用的是上品、明德、天赋，他天生就是打仗的。蒋介石陆海空三军800万人，毛主席的军队只有90万人，陆军都不齐。美国有两块耻辱碑，一块是朝战，一块是越战，全立给毛泽东。毛泽东没念过一天军事，但打遍天下无敌手。孔子说过："人分三，生而知之谓之上，学而知之谓之中，学而不知谓之下。"

"生而知之"说的是你秉性当中、个性当中的天赋、特色，是属于你的最独特的资质，如果发挥出来了，就是最上等的能力；"学而知之"是通过后天学习，添加、培养来的，只算是中等的一般能力；"学而不知"就是你的劣势，怎么努力也比不过别人的地方，要尽早果断地放弃——这个"上"就是你的优势所在，所以，你要经常问问自己：我的"上"在哪儿？人，要有自己的专长、要找到能让自己立得住的东西，这样就必须要舍弃其他95%——很不容易啊。

所以，在大学里、在学习期间，你们要多去尝试，Keep trying，一定要找出自己的天分、优势来！想想"天分"的"分"字怎么写——是"分"给人的——分给你的，一定要知道！

但是，放纵自己的天性，是孩子最希望的，也是父母最担心的。现如今做父母的总是理想化地为孩子铺设一条黄金之路，不管孩子是否愿意。

台湾著名的漫画家蔡志忠是个相当放纵的人，放纵自己、做自己想做的事，彰扬自己的天性。他认为智慧都是产生在快乐中，只知道勤奋和认真是不管用的，被父母或者老师鞭策着去用功的人，不会有真成就。

蔡志忠说："人贵在认识自己，鱼只有活在水里才快乐，鸟只有在天空飞翔才快乐，自己应该清楚自己是鱼还是鸟，如果知道自己是鱼，那就游泳于大海，如果知道自己是鸟，那就翱翔于天空。一个人一定是扮演自己才可能扮演得最好，才可以做得最快乐。学生要先了解自己比别人优秀的部分和比别人差的部分，有一些事是自己所不能够做到的，只有及早认识自己，发挥自己的长处，如此学习做事，才可以做到最好的状态。”

小时候，蔡志忠很爱看书，特别是漫画书，他总是想方设法从父亲手中要点零花钱，用来买漫画书。在学校里他的美术成绩一直是班上最好的，中学时代开始尝试自编剧本，画成作品，投稿到台北的出版社，结果常常被出版社采用。初二暑假，台北一家漫画出版社写信给蔡志忠，邀他去为他们画漫画。那天晚上，蔡志忠的父亲像往常一样，坐在藤椅上看报，蔡志忠走到他身后，说：“爸，我明天要到台北去画漫画。”父亲头也没抬，边看报边问：“有工作吗？”“有了！”“那就去吧！”蔡志忠的父亲一动也没动，继续看他的报纸。在这一问一答中，蔡志忠的父亲没有回头看蔡志忠，蔡志忠也没走到父亲的面前。如此开通，如此淡泊，对儿子单飞又如此放心，父亲的不经意反而成就了蔡志忠。

1985年，蔡志忠获得台湾地区“十大杰出青年”荣誉，他无限深情地看着自己的父亲说：“我特别要感谢我的父亲，因为他没有逼我继续上学，没有叫我去补习班，没有叫我去电脑班，也没有将他一生未完成的愿望，要我去替他完成，因而才使我有机会画漫画，感谢父亲！”

受父亲影响，蔡志忠也以同样开通的方式对待自己的女儿，她的女儿有一次数学考零分，他仍然很高兴，因为女儿英文、美术都是100分，数学零分又有什么关系啊。

人生只要一把刷子，不需要同时刷七把。所以当有一门功课特别好的时候，其他差一点，其实一点都不必在意。因为如果你喜欢一科，是没有办法科科都考98分，如果都考98分，就表示没有一样是你的那一部分。

教育的根本在于彰扬天性。一个自由、宽松的环境更能让孩子的天赋尽情施展，走向成功。

有名有钱又不累

中国国家足球队前任教练——米卢，在中国做了一件惊天动地的大事——他让中国足球队冲出亚洲，走入世界杯，圆了中国人44年的梦想。在他之前之后，到现在，我们再也没有进入过世界杯。我们都很佩服这个人，他是一个英雄人物、传奇人物，不仅为国家带来了荣誉，同时也为自己赢得了声誉，米卢来郑州的时候，刚下飞机就有一群女孩子围上去，匍匐在地上吻他的脚。

米卢带领中国足球队闯入世界杯的当晚，就在沈阳五里河体育场召开记者招待会。许多人问："米卢先生，你把中国足球队带入世界杯的秘诀是什么？"

这个问题，我做了几百场报告，问了几万人，到目前，没有一个人能回答出来。实际上，答案在《中国青年报》、《人民日报》、《光明日报》和《河南日报》等媒体都刊登出来了，许多人都看到过。用心理学的语言说："心里有才是真的有。世界不是身在何处，而是心在何处。"我经常用这句话打击足球迷："你们以后都不用再看足球了，你们都只是看热闹。米卢将中国足球带入世界的秘诀是什么，他讲得很清楚，这么多报纸都刊登了，你们居然都不知道。还说什么热爱足球，说自己是足球迷。你们只知道足球的形式，不理解足球的灵魂。"

米卢说:“我给中国队带来的,仅仅是一些和谐的气氛。”

和谐,既是一种人格,又是一种文化。有了和谐的思维方式,生活就会好得像童话一般。

女孩子们,将来怎样让你的丈夫在和谐的状态下,挣更多的钱呢？这里就有一则安徒生的童话。

老头子总是不会错

故事并不复杂:乡村有一对清贫的老夫妇,有一天他们想把家中唯一值点钱的一匹马拉到市场上,去换点儿更有用的东西。老头子牵着马去赶集了,他先与人换得一条母牛,又用母牛去换了一头羊,再用羊换来一只肥鹅,又由鹅换了母鸡,最后用母鸡换了别人的一大袋烂苹果。在每一次交换中,他倒还真是想给老伴一个惊喜。当他扛着大袋子来一家小酒店歇息时,遇上两个英国人,闲聊中他谈了自己赶场的经过。两个英国人听得哈哈大笑,说他回去准得挨老婆子一顿臭骂。老头子坚称绝对不会,英国人就用一袋金币打赌,如果他回家未受老伴任何责罚,金币就算输给他了。于是,三人一起回到老头子家中。

老太婆见老头子回来了,非常高兴,又是给他拧毛巾擦脸,又是给他端水解渴,认真地听老头子讲赶集的经过。他毫不隐瞒,全过程一一道来。每听老头子讲到用一种东西换了另一种东西,她竟十分激动地予以肯定。“哦,我们有牛奶了”,“羊奶也同样好喝”,“哦,鹅毛多漂亮!”,“哦,我们有鸡蛋吃了!”诸如此类。最后听到老头子背回一袋已开始腐烂的苹果时,她同样不愠不恼,大声说:“我们今晚就可吃到苹果馅饼了!”不由搂起老头子,深情地吻他的额头……其结果不用说,英国人就此输掉了一百多磅金币。

可能有些人质疑:这样做会不会使丈夫经常出现一些“以大换小”的问题呢？有些女人抗议:这不是愚民政策吗？这里我再讲一个故事。

单位小李这个月发了1 200元的工资，上个月是800元，这个月比上个月多了400元，他很高兴。回家就告诉老婆："看这个月工资1 200元，比上个月多了400元。"但是，妻子经过调查了解到，他们单位的老曹这个月拿了4 000元，他们做的是同一种业务，别人拿了4 000元，而自己的丈夫只拿了1 200元，这个时候妻子应该怎么说呢。有些女人会说："你们男人就是这样，欺骗我们女人。别以为我们都是傻瓜，头发长见识短，我这一辈子都不会被欺骗。你什么时候能拿到4 000元，让我看看。别得意了，你就继续努力吧！"

一个人的生长过程是一个漫长的过程，有人要做心理辅导，我首先问他，你有多大？有人说60岁。我说你不用来找我，到目前为止，我没有说服过一个60岁以上的人，他们已经完全固化了，很难再塑造，所以说，心理学的知识应该接触得越早越好。

当丈夫拿了1 200元的时候，我推荐这样的说法——晚上丈夫回来，告诉你他发工资了，比上个月多了400元，应该说："老公啊，要按照这样的速度往前发展，过不了多久，咱们家就发大财啦！你等一会儿，我给你做几个好菜，再给你去买点儿酒。"酒菜都准备好了，你给老公倒上，说："我觉得我这辈子没看错人，从谈恋爱开始，我就对你充满信心，你看，这不是证明了吗？以后家务活我全包了，做饭、洗衣服、看孩子、照顾老人……有什么要求你尽管提，我会尽量满足，下个月发多少钱都是次要的，只要你坚持我就很佩服你。"丈夫会感觉到幸福、温馨和成就。女人这么做，既不伤害你，也不伤害他，丈夫下个月会更加满怀信心，挣更多的钱。男人最喜欢得到成功、得到认可，娶了这样的老婆，他出去能不努力工作吗？能不忍受更多的磨难吗？能不为了成就忍辱负重吗？一个男人碰上这样的女人，就会觉得自己娶了个宝贝。她会体谅他、为他考虑，而且很有技巧，并不是瞎说。

不能平白地安慰他："老公，1 200比4 000好！"——这就是胡扯，这种话没有技巧性，丈夫也不会听；而“你比上个月多了400”是真的，这就找到了有利于男人发展的趋势。

如果换一种说法：“别以为你拿了1200元多挣400元，我打听过，你们单位的老曹这个月挣4 000元！1200元够谁花？每个月水电费房租就要好几百元，我嫁给你算是瞎了眼！”丈夫多挣了400元钱，兴冲冲地回家告诉妻子，正期望着有人认可他，他也知道自己的钱还不是很多，但是他正在进步。妻子这样说，就埋下了离婚的祸根，他会想：无论我多么努力，我的老婆都不满意，根本不认可。老公说：“你不要，我走，上街找个地方和朋友一起喝酒去，把这1 200元都喝完。”男人就开始挥霍，开始放任，开始不负责任，反正你不稀罕：我一直在努力，但是总要有一个过程，不可能让我一下子爬到最高的位置。

永远不要指责丈夫，不要呵斥你最爱的人

别人都可以不认可，但亲人一定要认可。中国有很多家庭已经埋下了离婚的根源，为什么丈夫破罐子破摔？为什么丈夫不回家？因为连老婆都不认可他，连最亲近的人都放弃他，继续努力还有什么价值？所以，和谐才能带来金子，不和谐就会毁掉未来的财源。

你可以为了钱，先这么做一做，多发现优势、发现长处，时间长了养成习惯，就会给你带来和谐，带来金子，让你生活幸福，有钱有名又不累。实际上，一个人，你越是对他好，他越会做得好；你越不指责他，他越会刻骨铭心。温暖的家是一个人上进的原动力，在外面领导可能会指责你，同事可能会指责你，老师可能会指责你，什么人可能都会给你建议和意见，回到家就是需要温暖和关怀的地方。

为了美好幸福的生活，从现在开始——永远不要指责丈夫，不要呵斥你最爱的人。

15 公斤大红薯与马斯洛需要层次理论 21

从单位退休后，已过花甲之年的陈老先生便开始在家属楼的楼顶养花种菜，无意中保留的一株红薯苗竟然在老先生的精心照料下长成了一个重达 15 公斤多的大个红薯。看到陈先生种出这么大个的红薯，附近很多居民都跑到他家去看稀罕。在粮油公司家属院七层楼顶大家看到了已被挖出、用塑料盆盛着的大块头红薯。陈世怀老人指着墙边花坛说："这个红薯就是当天上午从花坛内拔出来的，长了这么大个儿，真出乎我和老伴的意料"。经过简单测量，红薯有 15 公斤多重，高 40 厘米，直径超过 34 厘米。

据陈世怀老先生讲，他两年前从粮油公司总经理的位置上退休后就开始在楼顶种起了菜，养起了花。花坛的土是他从别处运来的黏土，肥料则是从养猪场拉来的猪粪。"我想这个红薯长这么大个儿主要是水和粪比较充足，另外楼顶上日照充足，也利用了光合作用。"陈老先生说。

大部分红薯能长 0.25 公斤至 0.5 公斤，大不了长到 1 公斤、1.5 公斤，是什么样的因素可以让一个红薯长到 15 公斤呢？

这似乎和心理学没有任何关系，因为从目前的研究来看，植物是没有心理的，即使是微生物、细菌、病毒这一级别也是没有心理的，起码要上升到动物这一层，比如狗、猫、牛、羊。那么，这个15公斤的大红薯和心理学有什么关系呢？简单地说：为什么红薯会长到15公斤？

发挥我们的想像：因为吸收天地之灵气、日月之精华，是自然的力量？生长在楼顶，环境好，沾了地利之光？它与别的红薯生活环境不一样，在特殊环境、特殊养料的条件下，会出现特殊的结果？红薯感觉到了主人的爱心？转基因？

不为什么，因为红薯就应该长这么大！每个红薯都能长这么大！它是一个自我实现的红薯，或者说，所有的红薯都有能力长到15公斤。

红薯本来就有这么大，只是很多红薯没有被给予充分的条件，不能自我实现。陈老先生深谙植物需要什么——对于一棵无意中保留下来的红薯苗来说，给予它充足的光照，运来了黏土和最好的肥料，施予适量的水。再者，它只有一株，周围没有离得很近的红薯苗。假如它周围多了几株兄弟姐妹一起挤，争它的空间、养分、水，它永远不可能长这么大。那么，红薯的自我实现就在于：充分的空间、充分的养料、充分的阳光、充分的水，另外，楼顶的空气流通也好。

讲这个故事的目的就是告诉大家：为什么大部分人没有很高的成就？为什么大部分人没有很多的财富？为什么很多人没有达到自己的理想？为什么很多人对自己住的房子还不满意？为什么很多人的工作还不能随心所欲？不是因为别的，是因为我们还没有长到15公斤。今天，我要讲的就是心理学最高的一个理论：潜能开发——自我实现。

马斯洛的需要层次理论分五层：生理需要、安全需要、归属和爱的需要、自尊需要、自我实现的需要。当低级需要得到满足之后，一种新的需要和不满足就会出现。生活中，那些满足了所有需要的人就会关注怎样才能发挥出全部潜能。

自我实现的人不会因为自己做过错事而过分担心或者自

责。相反，他们接受那部分需要改进的自我。自我实现的人不是完美的人，但是他们尊重自己，对自己感到满意。马斯洛指出，他所研究的每一个心理健康的人都具有创造性。当人们以与众不同的方式完成一项工作时，表现出来的就是自我实现的创造性。一个自我实现的教师可以创造性地提出新的教学方法，一个自我实现的商人能够想出聪明的办法改进经营，想出新办法来解决问题。在本质上，自我实现的创造性是接近生活本质的通道。在马斯洛看来，多数成年人如果不屈从于文化的压力，也都能表现出自我实现的创造力。

其实，我们每一个人都是比尔·盖茨、都是李嘉诚，也可以自我实现，也可以长到15公斤。现在，你们考上大学，可能也就是一个2.5公斤、5公斤的红薯，但是，我们所有人原本都可以为自己赢得那么多的财富、那么大的房子、那么好的工作，这是在人出生的时候已经设计好的，就像如果红薯本身长不了15公斤，它永远不可能自我实现。

举例而言，一辆汽车出厂的时候，设计能跑50万公里或者更多，但是，大部分车辆都跑不到那么远，跑三四十万公里就出毛病了。为什么它设计的是跑50万公里，而实际跑不到、提前报废了呢？并不是车出了问题，是你没有按照车本身的性能使用。比如你让它浸过水，车一旦被水淹，发动机灌水了，它本来的能力也就实现不了。或者司机用油的标号不对，该换机油又没有换，它也跑不到本来设计的公里数。但车设计的极限是50万公里，想跑到80万公里也是绝对不可能的。只要按照车本身的原理使用，每辆车都应该跑到50万公里；只要按照红薯的天性栽种，每一棵红薯都能长到15公斤；只要按照人的天分成长，我们每一个人都应该有钱、有爱、有地位、有事业、有良好的生活环境、有和谐的人际关系……

当然，我说红薯的目的在于说人，每个人都应该自我实现，应该把自己潜在的能力发挥到极致。这是我们今天谈的主题：

让每个人自身找到自己最佳的顶点，让自己实现本来设计的能量，成为"15公斤的大红薯"。先介绍一下最早研究这个项目的专家，美国最著名的存在主义、人本主义心理学家——马斯洛。

每一个人都能自我实现，都是"15公斤的大红薯"！

马斯洛，1908年出生于纽约的一个犹太人家庭，年轻时曾想学法律谋生，不久转学心理学。1934年，于威斯康星大学获哲学博士学位，1968年当选为美国心理学会主席，1970年去世，有"人本主义心理学之父"的称号。他的主要心理学著作有《变态心理学》、《论动机》、《自我实现的人》、《动机与人格》、《在人的价值中的新认识》、《科学的心理学》和《存在心理学探索》等。

我隆重推出马斯洛的目的是让大家，尤其是想求得个人发展的人，以后多去关注一些心理学的内容。心理学是一门背景学科，你的心理状态如何对你的自我实现将起到根本性的作用。在所有学科里面：物理、化学、数学、历史、地理、天文等等，没有一门学科是研究怎么样变成"15公斤大红薯"的，唯独心理学。大家必须对存在主义心理学如何自我实现的理论做个初步地了解，这样，对你、对你的亲人、孩子、后代，你就会知道怎样给他们充足的光线、充足的肥料，怎么把他们也变成“15 公斤的大红薯”。下面，我讲讲马斯洛认为人要想自我实现，需要什么样的素质和条件。

马斯洛在心理学研究中，起先对行为主义和灵长类动物的性行为感兴趣，在第二次世界大战时期，他目睹了战争中的残暴行为，转而从事改善人格的研究。他认为：过去人格理论多数来自变态心理的精神治疗的研究，这些观点消极地强调人类心理学中永久存在绝望和玩世不恭，认为人类基本上是残酷的、不值得注意的。马斯洛反对这样的人格理论，他主张要发现人类固有的善良的价值，提出了著名的自我实现理论观点，从而成为美国人本主义心理学运动的领袖和人本主义心理学杂志及学会的主要创始人。

其中，最重要的几点：一、马斯洛提出来人固有的、本来就有的价值。我们所有的人要想使自己成为“15 公斤的红薯”，你必须相信：我本就可以长到 15 公斤。如果你不相信自己能够长到 15 公斤，不相信自己本来设计的就能跑 50 万公里，不相信我天生就不比任何人差，你就终生碌碌无为，成不了比尔·盖茨、成不了周星驰、周杰伦。只有我们每一个人、每一个群体有了这种感觉的时候，——我固有就是这样，我所要做的只是达到上天原本的设计，那你即使达到原来设计的 80%，我们的民族就已经很厉害了。

另外，马斯洛认为：我们现在的心理学应该研究的不是人类的局限性、人类的问题，不应该盯在怎么去解决问题，而应该盯在人固有哪些善良的品质和价值，当你把固有的价值发挥出来，问题很有可能在你不知不觉的状态下解除了。

马斯洛大量使用“自我实现”这一术语，而较少用“心理健康”，他认为自我实现这一术语强调完美人性，强调人的生物学基础，较少受时间地域的影响，并且具有经验的内容和操作的意义，他强调指出：自我实现的人是利他的、献身的、超越自我的、社会性的人。

什么是"完美人性"？什么是"人的生物学基础"？就是你本身原有的、固有的东西。很多人把自己的能力、潜质没有得以发挥归咎于条件、外界环境的影响，就像上面提到的红薯，如果它没有粪、没有肥、没有水、没有阳光、没有黏土，肯定长不了15公斤。但是，红薯更知道它要"充分成为它自己"，它原本是一个15公斤的大红薯。那么，我们必须要从内心里知道：我需要什么，在什么样的环境下、什么样的"营养肥料"下、什么样的人际关系下，我能做什么样的工作，成为一个什么样的人，产生怎样的自我实现。

从观念开始，接着，你去寻找肥、水、土、阳光，寻找你的人际关系，寻找你的职业倾向，寻找你事业的发展方向，最后，充分成为你自己。

关于健康心理学的探索是一个全新的概念，它的诞生基于以下几种假设：一、每个人都具有一种生物基础的内部本性，在某种意义上，这种本性是不能改变的；二、这种内部本性，部分是个人独有的，部分是人类普遍具有的；三、可以通过科学的研究，发现这种内部本性；四、这种内部本性并不是残酷、内在、邪恶的，而是中性的或好的，虽然它曾在人们的内在需要受挫时，有一些破坏性的恶毒的反应；五、由于人的本性是好的，所以我们不应压抑它，而是促进它，让它表现出来，并指引我们的生活，使我们健康成长；六、如果压抑人的这种本性，那么迟早总会生病；七、和动物相比，这种本性是微弱的、娇嫩的，容易被习惯、文化、压力和外界对它的错误态度制服；八、尽管微弱，但却极少消失，总是迫切要求实现出来；九、剥夺、挫折、痛苦，有时会促进和揭示我们的内在本性，在与痛苦和困难作斗争并取得胜利时，人们常可体验到自己的这种能力。

这是马斯洛学说的精髓。结合我们中华民族的特点，我觉得第三、四点是大家要重点理解的，就是每个人都具有一种内在的本性，而这个本性在很大程度上是不能改变的。

而且，我们一定要知道：红薯就是红薯。不能说："你是红薯，我想要个南瓜，你得变成南瓜。"很多人总想改变自己，觉得自己这儿不好、那儿不好，这儿需要学习、那儿需要学习；结了婚要求妻子这儿改变、那儿改变；有了孩子，看到孩子这儿不足、那儿不足……但是，马斯洛讲了，要想长成 15 公斤的大红薯，你内在的本性才是最重要的。

一位女士说："我老公很文雅，但是我希望男人阳刚点。"好，一个很斯文、很绅士的一个男士被你弄得土匪不像土匪，秀才不像秀才，搞得不伦不类。实际上，应该是：一个斯文儒雅的男士，就突出他的儒雅；一个阳刚强壮的男人，就突出他的伟岸之气。

寻找人的本性，而不是硬去改变，每一个人都能自我实现，都是"15 公斤的大红薯"！

人生之不可管理

我先来讲一个故事，看你们能不能明白其中的道理——著名的大词人苏轼，有一次和高僧佛印斗法。苏轼问："大师，你看我像什么？"佛印说："施主神清气爽，目慈面善，我看施主像一尊佛。"苏轼故意忍住笑说："我看大师像一堆粪……"——佛印一个秃头和尚，盘腿打坐，还真有点儿像——他说完，颇有些得意，以为胜了佛印。回去将此事告诉给苏小妹，小妹满脸失望地说："哥哥好糊涂啊！你真是将咱苏家人的颜面丢尽了！你以为你真的占了佛印大师的便宜吗？人家虔心向佛、因为心中有佛，自然看到的都是佛；你内心肮脏，才看谁都像粪……"

有什么样的心，就有什么样的世界、什么样的生活！思维的角度不同，你的选择就不同，行为方式也不同。现在请大家用心想一想：你们为什么能上大学，你们是凭什么考上大学的？

"当然是努力了。"同学们意见挺一致。

努力？没考上大学的学生都不如你们努力？你们的同学当中，就没有"三更眠，五更起"却没考上大学的？

"这个……当然有了。是靠聪明吧！"又有人答道。

聪明，就是说"智商高"？——我给你们一组数字：据统计，全世界所有人当中，78%都是中级智商(80～119)，智商低于80，就是我们常说的"弱智"，只有11%，所以，不是靠"聪明"。

人生是需要管理的，同时，人生又是不可管理的

考大学时，本科以上的录取率……知不知道是多少？是5%。也就是在同龄人中，考上本科的人只有5%。你们就是凭的这个5%的“自然概率”考上大学的，所以，你们考上大学，只能说明你们天生适合考试。宋朝时候，杨志靠力气夺状元；文革时期，劳动人民凭老茧上大学；要是把你们送到那个时代，你们，还行吗？而现在，上大学要高考，这正是兴你们的时候——所以，永远都不要以为能成事凭借的是努力和资质——因为自己很用功，才有今天；因为付出相当的努力，才有今天。如果有这样的想法，心中无法坦然，自然会感到心情沉重，而且还会产生超越荣誉感的东西，也会产生种种野心，这是悲剧的根源。

曾经有人问松下，成功的秘诀是什么。如果你们是松下，会怎么回答？“持之以恒，坚持不懈。”“从简单的事情做起。”“努力学习的结果。”……你们都成不了松下，因为你们没有成功者的思维。请在本子上记下——上苍的安排！

其实，在生命当中，我们真正可以管理的有多少呢？你的性别、身高、容貌……你能做主吗？不能。我们也不能选择投生的时代、环境、社会、家庭……所有这些加在一起应该占到生命中的40%，这些都是“上苍的安排”，而我们真正能够管理的部分最多占到60%。人生有许多事物是不可管理的，对于不可管理的部分若非要管，就要枉费心机，增添挫折与烦恼。明智的办法是只管可以管的事，不管不能管之事，这样就会把精力用好，把事情办好，进入良性循环。

我们来做一个实验，请先将一张A4纸放在平整的桌面上，然后，用手指，不管是哪一个，向下压，争取把白纸穿透，再强壮的大力士也办不到。但若换来一根绣花针，即使轻轻扎下去，也会出现一个镂空的针眼。道理显而易见，只有将精力集中于一点，管好可管之事才能成功！要拿的同时，一定要学会放下，否则，什么也得不到。当然，这不是短短几天就能习惯成自然的，必须花费时间养成思维定势。

我提倡：与其正确地做事，不如做正确的事。公司老吴升官了，你知道他私下的把柄，可以轻而易举地搜集到证据，使他高升不了——你可以很正确地做这件事。但这对你又有什么意义呢？损人不利己！不如发挥自己的优势，取得成绩，尽快实现自己的理想——你也可以选择做正确的事。这是一个思维、理念的问题。

几年前，我国竭力要加入WTO。我们为什么入世？中国不缺资金，我们的外汇储备居世界前列；中国不缺技术，我们的航天技术世界领先；中国不缺资源，比起邻国日本，我们的资源丰富得多；中国也不缺人才，我们的人到了国外就获得了诺贝尔奖。中国目前最缺什么？——理念！不改变理念，我们永远和世界有巨大差距。

理念的作用渗透至人生，意义就更加重大。要认识到：人生是需要管理的，缺乏管理的人生，往往是散漫、失败、没有效率和没有目标的。但是，人生确实又是不可管理的：从来没有人通过管理成了富豪，也从来没有人通过管理成了伟人。台湾作家林清玄的文章里有这样一段话："真正有钱的人，福报比努力更重要。无福的人靠着管理和努力来累积财富，往往累积到一个数目，不是钱财流失了，就是身体败坏了，无福消受。我们看到许多大富豪，有的为富不仁，有的并没有比一般人努力，钱潮却汹涌而至，挡也挡不住……有好姻缘的人，楚楚留香，神功弹指，几乎无需任何努力，幸福就会令人羡慕……"

人生若只管好能管之事，放下其他，在美丽中欣赏美丽，在痛苦中觉醒痛苦，在烦恼中关照烦恼，在悲哀中超越悲哀，在每一个生命的过程、生活的片断中都保有坚毅的心情、广大的气度、庄严的胸襟也就好了。

汇报该校全面提升办学水平的创业史、奋斗史和振兴史。

如果你是下午读到的，他正在参加省人民政府和教育部共建该所大学协议的签字仪式。这对于省会城市的大学，对于全省的高教，对于整个省来说，无疑都是一个值得彪炳史册的日子。他站在签字的现场，站在本省高教刚刚占领的这个光荣的高地上，细心的人将发现，他的眼圈是湿润的。

……

多么生动入景，多么感人肺腑！可能关心本省教育、关注人才培养的仁人志士都会眼圈湿润。

为了把学校建成一所规模宏大、学科门类齐全的高校，他去了多少次北京？为了引进院士和申报我省的本土院士，为了引进博士和培养本校人才，他曾经几顾“茅庐”？为了寻求新的合作办学伙伴和开辟新的科研天地，他又是几度出访？

一边是校长，一边是专家。左脑装满发展战略、学科建设，右脑装满实验项目、高尖科技，他说，除了外出，他的全部节假日都和实验签订了“合同”；除了开会，他的所有晚上都和项目预定了“约会”。

一位可歌可泣的模范校长，看似呕心沥血、殚精竭虑，却暗藏了本省教育悲剧的隐患。他有一席话令人“震惊”。他苦笑着，说：“在家里我没有买过菜、没有做过饭、没有洗过衣服、没有打扫过卫生；从孩子上幼儿园起，我没有送过、没有接过、没有参加过家长会、没有给她买过玩具、没有陪她看过电影、没有带她进过公园……” 连说了10个“没有”之后，用“我实在对不起她们”8个字，嘎然而止。然后，是长时间的无语。

倏地，我想起了马加爵的父亲。

据他父亲回忆，他从来没有跟马加爵做过深入的交谈。在马加爵上大学期间，父亲只给他写过一封信。马加爵自己遇到开心的事或伤心的事也从来不告诉父母，最典型的例子是得了奖状也不向父母汇报，往抽屉里一塞，就像什么事儿也没有发生一样。父母对儿子的事情一无所知，漠不关心，直到从抽屉里发现了奖状才知道儿子在学校里的表现。事后，马加爵的父亲非常痛心和懊悔，“我现在真的恨自己，我本来应该多跟他说说话的”。由此可见，马加爵是一个被忽视的孩子。父亲整天为生计而奔波，没有时间去关心孩子。还有就是，其父母也是分裂型人格障碍，即性格孤僻、情感淡漠。

马加爵在父母眼里是诚实、孝顺、懂事的孩子，是村里唯一的高材生。与此相似，我们的大学校长也有一个让他很是“欣慰”的女儿，年年是“红花少年”、学校的“三好学生”、市级“三好学生”，在全年级的1 000多名同学中，居然以语文、数学和外语特别优异的成绩名列第一。

可是，叫人如何相信？事实真的是这样的吗？父母是孩子的第一任老师，父母的行为潜移默化地对孩子产生影响，连声说出10个“没有”的人会是一个好父亲吗？实质上，这更多的是一种标榜。

我们的大学校长是一个标榜自己爱学生、爱教育，却丢下自己亲生女儿的人；我们的教育楷模是一个尽职尽责、鞠躬尽瘁，却少问亲人家庭的人。我们的高等教育，我们的前途未来与这样的人发生了联系，想想都使人不寒而栗。

一个连自己女儿都不管的父亲，又怎么会爱天下的孩子呢？让这样的人挂帅高教，本省的教育怎样才能走出泥泽？

克林顿访问中国，由我们亲爱的主席陪同观赏街景，可谓声势浩大，隆重威严。他坐在气派的轿车里，看不同的风俗民情，忽然，听见女儿喊：“哦，天啊，那是什么，好奇特！”顺着手指的方向望过去，克林顿笑了。他让所有的人停车，仅仅是为心爱的女儿买一串她感兴趣的糖葫芦。

中国前国家足球队教练米卢被问及“生命中最重要的是什么”时，他的回答不是足球，不是事业，不是金钱，他说：“你们中国人怎么能这么想呢？我最在乎的当然是我的亲人！”

听了这些故事，不禁使人肃然起敬，真正意义上的成功者的都是人格统一、富有爱心的人。

一个人，两种截然不同的人格，在他的内心深处似乎隐藏着两个自我。这是一种很不可思议的现象，一边标榜，一边抛弃；一边构建，一边毁灭。我们不要这样的标榜。全社会都会称赞：他做了许多事情，夜以继日，废寝忘食；他赢得了众多业绩，不顾小家，舍己为人。他热爱工作，心系教育，为了全省的高教事业，他付出了太多太多……而我，不相信。有这样的校长，中国的教育何时才能振兴？校长是这样的人格，怎么能培养出健康优秀的学生？

真正意义上的成功者
都是人格统一、富有爱心的人

选大学，要注重大学校长的人格，他会给校园文化很大的渲染。如果校长本人就是工作狂，没有人文精神，缺乏仁人之心，连自己子女都不关爱，这个学校就没有真正意义上的发展，就永远不会达到和谐的状态。学生受到他的影响，哪怕是10%、20%，结果也是令人担心的。很多教育者、领导指责学生，只看到学生的负面，有了这样的校长我们才看到了悲剧的根源。校长对学生、学校的影响是最大的，他的管理风格波及到整个学校，影响到学生的人格。虽然，这不是必然的，但却是潜移默化、日久弥深的。

什么时候我们的校长开始给孩子买玩具了，什么时候我们的校长带孩子看电影、逛公园了，什么时候我们的校长不仅仅是一个校长，也是一个父亲、丈夫的时候，我们的教育就有希望了。宁可少一些科研项目，宁可少几个博士、院士，宁可节假日他待在家里其乐融融，也没有什么大不了。用爱、用温情、用快乐从容打造出来的学生才是人才，用笑、用精神、用健康人格铸就的大学才是真正的名牌！

作为一个普通省民，有感而发，不得不说，我想：能看到本省教育事业的大发展，是每一个省民的心愿。

健康不排第一位 24

我一开始就讲到：心理学的最终目的是为了人类生活的成功、健康、幸福。

若一个人不能成功，便会没有钱、没有地位，不受人尊重，生活状态比较差。但是，人到了三、四十岁有钱、有地位、事业蒸蒸日上的时候，得了重大疾病，离不开药物和医院；或者赢得了金钱、地位，有家、有爱的时候，他“嘎然而止”了，还有什么成功可言，人生又有什么意义呢？管理大师余世维说：“38、39 岁是人的关键时期，千万要注意。”

一个女孩子努力考上硕士，好不容易找到工作，好不容易找到男朋友、好不容易结了婚，刚到 30 岁就开始脱发……说到这里，有些人并没有笑，心里说：“周老师，我现在二十多岁就已经脱发了。”她笑不出来。当你努力奋斗，争取来了这么多东西，可是最后，健康没有了，美丽没有了，幸福、快乐从何谈起？

尽管这样，还是有很多家长教育孩子：“孩儿啊，一切都是假的，身体是革命的本钱，健康是第一位的。”这到底对不对呢？我预言：只要认为健康是第一位的、是最重要的，其他都是虚的，你的身体早晚得出毛病。

我们不能把身体健康看成首要。心理学有一个森田疗法，专门治疗各种各样由心理障碍引发的疾病。患病的众多人当中，有大学毕业生、有机械工程师、有英俊的男士、有漂亮的女士……，但是他们都成了病人、成了废人。其中有个姑娘，咽唾沫都怕被人听见，整日惴惴不安，你说这日子怎么过？还有人敏感到注意自己的心跳："咦，这会儿跳不跳了？"还有人数自己的呼吸……人要活到这种份儿上就得累死，怎么能不脱发、不失眠、不出问题呢？

过分地注重身体，认为健康是第一位的，就会诱导你对身体过于敏感，反而有许多事情干不成。什么才是第一位的？——特殊的意志力！

身体健全固然好，但完美的状态是可遇不可求的，很罕见的。几乎任何人，都不可避免地在某种时刻出现身体上的某种问题。松下幸之助从20岁开始就患有咳血、尿血等疾病直到50岁，霍英东手指残疾，贝多芬成年耳聋，爱迪生自幼耳聋，罗斯福瘫痪……若特别强调身体因素，几乎是等不到这样完美的一天。意志薄弱的人，往往用自己身体的某种因素作为自己不成功的借口，逃避现实。

假如爱迪生说："身体不好，我这辈子就完了。"假如松下说："我吐血、咳血、尿血，我这辈子完了。"他们就真的完了。很多人抱怨："哎呀，我完了，我上课不注意听讲，东西老记不住，别人上课都在听课。我老是听到鸟叫……我注意力涣散，现在记忆力大不如以前。"那什么时候你记忆力好呢？"初一的时候。""我现在身体也不尽如人意，我初三的时候，跑步最快。"刚刚上了大学，二十多岁的年龄就说："我身体大不如以前了"，其他人该怎么说呢？40岁、60岁的人会怎么说！世界上根本没有人注意力不好、也没有人记忆力不良，凡是这种人，都是拿疾病作为借口。

20年后，你的儿子对你说："妈，我注意力涣散。"你压根儿就不要相信。经常有家长对我说："周教授，我孩子注意力涣散，带着到北京、上海的大医院都看过了，整整跑了一年半。"我说："没有任何人能治注意力涣散，这根本就不是一种病，而是一种借口。”还有家长说：“周教授，我孩子是多动症，上课老实不了10分钟，全国的医院都看遍了，就是治不好。”我做心理辅导将近二十年，到目前为止，还没有发现一个孩子是多动症患者，检验的方法很简单：你观察一下，你的孩子看动画片能不能安静10分钟？

但是有一句话，大家也要记住：“没什么不能没钱，有什么不能有病。”一个人一生不得病、不感冒，几乎是不存在的。但如果38岁嘎然而止了，得了重大疾病，那是人生不成功的一种象征。按照弗洛伊德的观点：疾病，是人生失败的一种表现。

虽然，意志力是第一位的，健康并不排第一。但我们起码不能有重病，起码不能死亡，因为生命若不存在，一切都无从谈起。

疾病，是人生失败的一种表现

那么，下一个问题就是——我们如何以最小代价保障健康、远离疾病呢？

有这样一则故事：一只鸭子在河边沙滩上产了一枚卵，本来应该把卵产在窝里，这一次不小心把卵产在了窝外面。现在，它正准备把这枚卵推到窝里去。大家见过鸭子滚蛋没有？这种现象确实是存在的：它会先目测一下距离，估计大概有多远，然后就用长长的嘴把蛋一下一下往回赶，直到赶回窝里。

假设我们做个实验：有人在鸭子走到半路的时候，把它的蛋拿走。现在鸭子没有东西可滚了，你们猜鸭子会怎么做？假如你去买饭，走到半路，饭盒被别人抢了，你会怎么办？你是不是还会保持这个动作一直走到餐厅，告诉师傅："给我盛饭？"绝对不会。你会将饭盒抢回来，或者回去再拿一个。

以此类比，鸭子会怎样做？再去找一枚蛋？还是追着人要它的卵？这就是今天我们要讲的内容：疾病的主要来源于能量的压抑，人类要向鸭子学习。

今天，它的蛋被人拿走了，母鸭子不在乎，会继续做这个动作；虽然才走了 10 米，还有 10 米，它仍然把前推的动作再做 10 米，一直做到鸭子窝里。鸭子傻不傻呢？以我们的眼光来评价：很傻。

今天我来上课，因为这么多人都在教室里等着我——假如我来上课，你们都走了，我还对着下面讲，我傻不傻？肯定是有毛病。但是，有的时候，最傻的往往是最聪明的，傻和聪明总是倒个个儿。鸭子的傻举动能防止它得许多病，比如：高血压、心脏病和癌症。

真正健康的生活方式是不产生危害身体的能量！

假如这一天，小鸭子也跟着妈妈，准备好了 20 米路的能量，走过去，就不会生病。可现在，蛋被夺走的母鸭子冲着劫匪怒目而视，却毫无办法，敢怒不敢言，肯定会血压升高。小鸭子在一个月大的时候，就经历了母亲被人抢劫的残酷历史，它长大就会失眠、焦虑、得神经类的疾病。

对世界影响巨大的心理学家弗洛伊德最大的贡献就是“libido”的理论，“libido”指“力”。大家可以做个实验：现在请拿起课本，再放下。下面，我说“拿起你的书”，你们把空气拿起来——你们用的力量，足以把书拿起来吗？不能吧?！下面再把你们的书拿起来——这次用的力量足以把书拿起来了吧？接着，把你左边同学的胳膊拿起来。我们抬胳膊的力量，比拿书的力量大。现在用拿书的力量，去抬胳膊……

我们在做每一件事情之前，都预先设置了能量。比如说，请把桌子上的纸条拿起来和请把桌子举起来，预置的能量是不一样的。用拿纸条的“预置能量”来举桌子，一定举不起来。假如能量预置好了，因为某种原因没有释放，就会蓄积下来，天长日久产生疾病。比如单相思：一个人，容貌、家庭、地位都很优秀，我和她很不般配，只能单相思。《红楼梦》里有一个人叫贾瑞，单相思——死了。要想防止贾瑞死，就得让王熙凤嫁给他，他的能量才能全部释放。

在人类的疾病中，行为因素占 60%。高血压的发病率，全世界是 1%，2002 年，北京、上海 35 岁以上的人群，高血压发病率是 70%。全世界的自杀人数，中国占 1/3 以上；我们现在的犯罪率、离婚率，可能是全世界的总和。许许多多的能量蓄积下来，再找个“越轨”的方式释放。目前，世界人口的死亡原因已经从 50 年前、100 年前的痢疾、天花变成心身疾病。

当我们必须要面对问题的时候，就必须练就一套心理调节机制。我们再回放一遍刚才的故事：鸭子正在滚蛋，蛋被人拿走了，它必须要释放预置的能量，继续把动作做完；你暗恋谁，可以写封情书:“我明知不行,我也要告诉你:你的眼睛多明亮,像晚上的星星。”交给她,“反正我把能量释放出来了”,当然,这个女孩子可能道德水准不高,当众举起来:“看看,情书又来一封。”这个时候,你就得脸皮厚。我提过一句:不要脸皮,天下无敌。爱一个人有什么罪呢?你不能把能量压在心里。能量一旦产生,暗恋一个人——1 000 卡,有人欺负你——1 000 卡、工作上有压力——1 000 卡、老板批评你——1 000 卡……,一辈子不会少于 1 000 次,至少 100 万卡,不烧死你才怪!科学发现:人一天至少产生 3 万个念头,所以,能量绝对不能蓄积。

最好的方法是——压根儿就不产生能量。当有些事情是命运的安排、是不可避免的时候,最好什么都不要产生,因为产生能量是徒劳的。能量不再产生,就不用宣泄。而且,对于无意义的事情不产生能量,就会在事业、财富、地位等其他方面产生能量。人的能量应该是用来发展的,而不是产生后再强迫自已压抑掉。因此,健康、成功的人很少产生能量,他们的精力只用在对自已有益的地方。

《黄帝内经》上记载:“大医治未病,中医治已病,庸医治重病。”真正的好医生是让人生活在无病状态,真正健康的生活方式是不产生危害身体的能量!

唤醒你的自愈能力 

世界上最伟大的医学家，希波克拉底说："医生的天职是：最大限度地唤醒病人的自愈能力。"因为除了外伤、手术、炎症类疾病以外，许多病都是不能治的。

我国一个奥运会冠军到北欧打球，感冒被送进医院，那里的医生什么药也不用，只让她好好休息，我们的教练就问："你怎么不给她用药啊？"医生也莫名其妙："为什么要用药？感冒只要没有并发症，自己会好的。""可是，她已经发烧了！""只要不高于38度，什么药都可以不吃。感冒就应该多休息、多喝水，吃药只能减轻症状。"医生耐心地解释。"发烧怎么进行比赛呢？"教练着急了。欧洲的医生给全中国人都上了一课："是比赛重要，还是生命重要？"

医生的天职是：最大限度地唤醒病人的自愈能力

感冒能不能治呢？不能。你拿起任何一种感冒药，没有一种说"本药能治疗感冒"。在所有的感冒药广告里，最迷惑人的就是三九药业，它给人的感觉就是真的可以治疗感冒；而最诚实的是泰诺——“泰诺，缓解感冒症状”。泰诺的广告其实说得很清楚：我只是缓解症状，从来没有说能治疗感冒。感冒是一种自限性疾病，和SARS都属于同一类，只要不出现并发症、不高烧，感冒会在7天内自愈。

那么，哪些病是能治的呢？肺结核、炎症和一些手术适应症。其他92%的疾病，是和医药没有必然关系的。

曾经，有一位老汉从别人口中听说我是“神医”，大老远跑来找我看病。一问，是肝癌晚期，到北京、上海的大医院都看过了，医生们个个摇头，我说：“回去想吃什么就吃什么，想玩什么就玩什么，到目前为止，全世界还没有哪个人宣称可以治疗肝癌，我也治不了”。他出门就叨咕着：“还说是什么‘神医’，吹得挺好。”一转弯碰见个穿白大褂的李医生，“治肝癌找我呀，我什么癌症都能治好。”“可是，刚才周教授说这个病根本没法治。”“我家是祖传八代专治癌症，不信你跟我进屋去看看。”进了一间小屋子，只见桌上放着50本病历，都是癌症患者的，他们都在全国最好的医院进行了检查、治疗，都确诊到了癌症晚期必死无疑。“这50个人都被我治好了，不信，你随便打电话问，这里有联系方式。”老汉打电话一问，果然从李医生这儿开药治疗后，再检查癌症彻底好了，肿瘤不见了。老汉满脸眼泪，“可找到救星了”，干脆买了10 000元的药回家安心吃了。这究竟是怎么回事呢？难道癌症真的可以治愈了？还是专门找的“托儿”？很多人为此所蒙蔽。但一本本病历，铁证如山，叫人怎么能不相信呢！

不是骗子骗我们，是我们等着被骗。那50个人确实是癌症晚期，全国各大医院确实都治不好，吃了李医生的药确实都“好”了，但不是李医生治好了他们，他们是——“自己好的”。任何疾病都有5%的自愈率，就是说，你不管它，它也会自己好。50个健康的病历，起码有1 000个人来这看过病，其他950个人都死了，而这50个确实痊愈——是“自愈”，与吃药、与打针、与任何医疗因素无关。当一件事情的发生率在5%以内的时候，从统计学的角度我们就说它是自然概率，和人为因素无关。

曾经有一位白领女士来找我做心理咨询，无意提到她半岁的孩子。她很爱干净，每次孩子排便完，都要用肥皂来洗，我说这个习惯不好。人类自身的免疫机制足以保证我们的健康。她不听，孩子两岁的时候得了白血病。这两件事不能说有必然的联系，但可能存在某种联系。一个人什么都可以做，但是不要冒“天下之大不韪”。我们人类在口唇、肛门都有一层天然的油脂，可以抵抗艾滋病等一切疾病，你只要不破坏它就没事，如果你把它破坏掉，拿肥皂来代替——肥皂最多能杀大肠杆菌，其他的就不好说了。

现在，很多医生不顾事实，到处宣扬自己可以治疗这样那样的疾病，而不是调动病人本身的自愈能力。打个比方：农村里，两个家庭妇女都患了重病，卧床不起。张三说：“你看你，吃了多少药，请了多少大夫，病反而越来越重，什么也干不成，娶你有啥用？快起来喝药吧！”说完，把一碗水往桌上一摔就走。他的老婆怎么想呢？伤心透了：丈夫不理解，孩子不关心，我看病是好不了了。而王五耐心地把药煎好，扶妻子起来：“药煎好了，我喂你喝，喝完好好休息。”孩子放学回家也来看妈妈：“妈，等你好了，咱们到西安去旅游，看兵马俑。”这个妻子想：我一定要康复起来，我的丈夫、孩子这么好，等我病好了，我们家一定会越过越幸福。她就积极配合，保持良好的心态，注意休息。半年过去，张三媳妇病入膏肓，王五媳妇完全康复了。

其实，疾病是我们与生活中和的一种方式，医生不能有贪天之功，药是引子，爱是主要的。

每一届医学院的毕业生走上工作岗位时都要宣誓，誓词就是“医学之父”希波克拉底的名言，而且现在不仅仅在医学界，在其他领域里，如律师、证券师、会计师、审计师、评估师、推销员等等，都拿希波克拉底的誓言作为行业道德的要求。几千年来，学过希波克拉底誓言的人不下几亿，这个誓言成为人类历史上影响最大的一个文件：“我的唯一目的：为病家谋幸福，最大限度地唤醒病人的自愈能力，并检点吾身，不作各种害人及恶劣行为。”

疾病的希望 26

先来设想一组数字，世界普遍认为疾病是由五种因素引起的。一种是自然因素、一种是社会因素、一种是遗传基因、一种是心理行为、一种是医疗，那么，每种因素影响健康的比例会是多少呢？

大家先凭借自己的第一感觉来猜一下：

一是自然因素，比如说寒冷，像冻疮、支气管炎，都是由寒冷引起。农村有很多老慢支，因为屋里的温度低于零下10度、零下20度。人一出生，气管就受了严重刺激，炎症、痉挛、狭窄，再也恢复不了原状。支气管一狭窄，到冬天就容易出现炎症、分泌物，慢慢就形成老慢支。寒冷可以致病，炎热可不可以？也可以，像中暑。放射线可不可以？北欧人恨死切尔诺贝利了，因为放射线物质的影响，导致很多人产生莫名其妙的疾病。前几天，我国也报道了一个奇怪的病例，东北一家姥姥和外孙女住在三楼，皮肤出现红肿、起泡，血色素、红血球、血小板降低，整个楼就她俩是这样。最后调查发现，她家正下方一楼正好住了一个收废品的，其中一件废品包含放射性物质，二楼没人住，危害就直冲向她家。哪些是放射源呢？像X线检查，医疗射线检查，矿藏开采，金属裂纹检查等等。还有细菌，哪些疾病是由细菌引起的？像现在的禽流感、艾滋病、SARS，都很厉害；还有衣原体、支原体、蛔虫、蛲虫、疥虫，都属于自然因素。我们要想不得病，就得温度适中、有暖气。要想不得沙眼，就得保持卫生，经常洗澡，每个人一条毛巾，因为沙眼是衣原体引起的。如果你们家一年中，温度不低于零度、不高于 38 度，一般不会得气管炎，但如果家里冬天在零下 10 度，得气管炎的几率就会很大。那么，按百分比计算，自然因素能占多少？

讲台下有同学高喊："30%。"

二是社会因素。"马上要考试了，万一挂了怎么办？""刚刚第一批入党名单本来有我，现在又没我了。""上个月又失恋了。""昨天父亲打电话说，母亲可能要下岗。"一出门警察把你抓住……所有这些都是社会压力，能占多少？

"——20%。"

三是遗传因素，也炒得沸沸扬扬。前几年，我国宣布破译了基因图谱的 1%，叫嚣得不行。有些病是一定会遗传的，传男不传女、传女不传男、或者隔代遗传，比如血友病、色盲症，你们猜遗传因素能占百分之几？

"——15%。"

还有心理行为，就是你如何说话，比如你说身体是第一位的，就容易得病。你的行为，比如，你刚到食堂打的饭，热包子、热汤，你拿着就吃，就容易得食道上的疾病。我国林县的食道癌患者很多，有人说是因为吃腌菜，但是湖南人安徽人也吃；有人认为是水有问题，后来发现一个重要的因素：林县人喜欢吃烫饭，他们不怕烫。这才是导致产生食道癌的关键因素。还有，你早上 4 点钟起床，晚上 12 点半才睡觉，就容易脱发。这样的心理行为因素能占多少呢？

"——30%。"

最后是医疗因素，所有的医院、所有的药、所有的大夫、所有的吊针、手术、医疗器械，能保障我们健康的多少？中央电视台的主持人邢质斌说："现在的人，生病不打针、不吃药，是不科学的，就应该进医院。”如果我们相信科学、相信医药，医疗因素应该占多少？

“——80%。”

加到一起，都175%了。你们到了30岁、40岁，会不会有病呢？一定会。因为你们的心理行为就不正确，压根儿没有健康知识。我曾经推荐过几个著名的人物给大家，经济学我推荐的是茅于轼、管理学我推荐的是余世维、健康方面我推荐的是洪昭光。中国有良知、有学识又有生活体验的就是这些人。洪昭光预言：“疾病的潜伏期是15年。”很多严重的疾病，是从15年前就已经开始了。

听不听我的课，生命会有本质的区别。因为没有任何学科告诉你：疾病是15年前就开始潜伏的。现在，有很多人非常认真、非常艰苦、非常懒散……都等着有病吧。所有带有极端性的东西，都是疾病的根源。非常地学习，就等着38岁吧……与其38岁嘎然而止，何必现在这样努力呢？世界卫生组织在1948年就把这五项数字公之于众，至今已经半个多世纪了，但是这和我国的价值观念还有很大的区别。

目前，世界评价中国就是两个字，一是“吃”，谁家一来客人，首先是吃；办什么事情，离不开吃。二是“药”，不信你打开电视、广播，播出第一位是卖药的。“你想变美吗？请喝××口服液。”“你想长高吗？请喝××增高灵。”“如果你不想吃药，请垫增高鞋垫。”“你没有考上大学吗？请吃××1号。”……有一年，世界卫生组织的一个官员来中国参加世界博览会，一下飞机就很惊讶，赶紧给总部打电话，因为机场赫然贴着大横幅：谁说癌症不能治！“你们怎么这么孤陋寡闻呢？中国说癌症已经被攻克了！”总部说：“你接着往下看吧，不仅是癌症能治。”他到了宾馆，打开电视：糖尿病已被攻克、中药治疗艾滋病世界无双、长高有秘方、想变多漂亮就变多漂亮……什么都能治。因为我们是一个药物民族，每年有三分之一的农民因病返贫，他们舍不得吃

由大学校长的双重人格所想到的 23

迄今为止，内地H省还没有一所可以理直气壮地自称为“重点”、“名牌”的大学。

当年，许多人都对该省某省属重点高等院校心驰神往，怎奈“能力”有限，与它失之交臂。现在回想，你们都应该心存侥幸，暗自得意。

就是这所大学的校长，背负着无数令人艳羡的头衔。他是该省某知名大学的校长、教授、博士生导师，中国科协委员，国家某研究中心主任，国家某重点学科第一学术带头人，全国人大代表。曾经先后N次获得国家级和省部级科技进步奖项，被评为国家级有突出贡献专家、全国优秀科技工作者、H省科技功臣等。

此时此刻，他在干什么？

有文章专门这样描写过：

> 如果你是今天上午读到的，他正在出席省高等教育工作会议。这个高教会，是建国以来我省规模最大、规格最高、最为重要并将产生最为深远影响的会议。……他已经准备好了在这次大会上的发言。他的发言实际上是向省委、省政府和教育部

饭、舍不得穿衣，却舍得花钱看病吃药。因为冰雹返贫、洪水返贫、因为地震、打架、被盗返贫的很少，因病返贫却占 1/3 的比例。你们认为疾病和健康是医院的事，医疗可以治愈 80％的疾病——这和部分农民是一样的愚昧。

世界卫生组织 WHO 公布的数据是这样的：自然因素占 7％、医疗因素占 8％、社会因素占 10％、遗传基因因素占 15％，行为方式占 60％。

医疗只占 8％，有 92％的疾病是医药无能为力的，这和大家刚才的理解相差很大。那么，有病了究竟怎么办呢？——自己治。

只要心理、行为方式健康，你就可以避免 60％的疾病

首先，让我们来看看疾病是怎么产生的。有一年，一个老太太来找我，她 58 岁，全国跑下来，没有一个人能治她的病。她左边的膝盖会红、会肿，然后，传到右边的膝盖上，如果通过血液、神经传导还好说，但她是直接从左膝盖传到右膝盖，只要左膝一红肿，哪儿都不变，一会儿右膝也红肿起来。上海、北京大医院的许多大夫就此病例还写了论文，最后，她找到我。我一看就知道这叫癔症，就是她想有病就有病，没有任何科学依据，可以随心操作。这种人有种吸引别人注目的愿望，自尊心很强，但这种愿望始终没有得以实现。

我们所有人都有这种意愿，比如，我可能会做梦想当明星，大家都来注意我。偶然有一天，学校进行才艺大赛，我得了第二名，走到哪儿，大家都说“那不是第二名吗?”我的愿望得到了满足，能量得到了释放。但假如我从 3 岁起就想当明星，13 岁还当不上，到了大学也没人注意，结婚后，我的丈夫不关注我关注别人，本来想生个男孩儿得到重视，结果又生了个女孩儿，自己始终得不到重视，怎么办呢？这时候就会产生各种奇奇怪怪的病症来。比如，有的农村妇女能通神，嗓子会发出别人的声音。还有人会随时发烧，浑身战栗，口吐白沫。这些操作性疾病都是练出来的。

老太太想得到重视，便练就了此等“神功”。让左边的膝盖先红肿，接着让右边膝盖红肿，全国就她一个人能做到这一点，大队里的医生、省里的专家很奇怪。她走到哪儿都是明星，往凳子上一坐，所有的专家、记者，都会跑来看；电视上都会出现她的膝盖。

有一个心理学家做过实验，他烹调了些老鼠肉，让十几个弟子吃下去，吃完后，问味道如何？“很香。像牛肉，到底是什么?”——老鼠肉。学生们全吐了。他们不是因为所食而吐，而是因为意念而吐。假如老鼠肉让人恶心，一吃就应该吐，不可能知道了才有反应。若不相信，你可以拿一只苍蝇，放进你男朋友最喜欢吃的菜里，吃完告诉他：“里面有一只苍蝇。”他将永远不再吃这道菜。但是，假如你不告诉他，等到你们结婚 50 周年的时候告诉他，他依然会恶心。

所以，如果一个人心理健康、心理行为方式合适，将避开 60％的疾病。

大家知道不知道艾滋病多发于什么人群?——同性恋、注射吸毒的人。因为艾滋病是血液传播,性传播只占约千分之二。按照西方神学家的观点,因为你做了违反上帝意愿的事情——上帝不让吸毒。另外千分之二是因为性器官有损伤,又正好碰上艾滋病病毒,才通过血液传播。所以,一定要顺应自然,不要行为异常。假如艾滋病能够治疗,这种诫喻就失去了效力。许多人不顾一切地学习、不顾一切地早起晚睡……这也违背了自然的状态。

所谓心身疾病是指没有寄生虫、细菌、病毒、感染,直接由行为方式引起的疾病。按西方神学家的观点:疾病是上帝和人类之间的妥协和争斗,上帝用疾病显示对人类的导向性。

典型的心身疾病高血压,就是由心理因素引起的身体组织器官病变。还包括胃溃疡、胃炎、类风湿等。另一类是心心疾病,就是神经症和精神病,比如失眠、神经衰弱、强迫症、癔病、妄想症、恐惧症。第三类是精神类疾病,在你的精神压力过高时出现。弗洛伊德讲:人的自我意识由三部分组成,本我、自我、超我。假如自我和超我分离或者混淆,就不知道自己是谁了。前些年,公交车上经常有一个男生,一上车就说:“我是李鹏,给我让位。趁大家都在,我给大家讲讲国际形势、国内形势。”这个人的本我真的就以为自己是李鹏。一个人精神压力过大就会产生精神分裂症,只剩下一个本我。健康的人是自我、本我、超我各占一定比例,人格统一。

只要心理、行为方式健康,你就可以避免60%的疾病,而不是先得病再治疗,靠吃药、靠打针。克服疾病的希望就在于——你自己!

高血压，你从何而来？

全世界高血压的患病率是1%。2002年，在中国北京、上海进行调查，35岁以上人群当中，高血压患病率为70%，也就是说，在北京有三个人坐在一起，一个说“我没有高血压”，那么，他旁边两个人就一定有。

世界卫生组织不相信。一般研究，高血压的发病第一与遗传因素有关，其次是饮食、肥胖、心理。过去认为：如果父母一方有高血压，你得高血压的几率有25%；如果父母双方都是高血压，你就有50%的几率得高血压。饮食上，北方人爱吃咸的，也容易得高血压。胖了就容易血管狭窄、血脂升高、脂肪堆积、血管容量变小、压力增大，产生高血压。但70%，就彻底颠覆了这些可能。不可能进北京要检查父母血压高不高，高了留下来，不高就不要；不可能北京所有人都爱吃咸的；不可能北京人都是肥胖患者。只有最后一种可能：心理。

一个人得了高血压以后，能不能治呢？有没有治疗高血压的特效药？——没有。我国现在宣称治疗高血压的药上百种、上千种。但是，你翻开世界各国的药典、翻开中华人民共和国的药典，它们会告诉你：没有任何一种药能治高血压。

一个人得了梅毒，怎么治？青霉素。一个人得了肺结核，用什么药？利福平，一般坚持服药一年，都能治愈。这就叫特效药。白求恩死于败血症，其实青霉素就可以治，那时候离青霉素的发明只有一两年时间，青霉素打上一、两天就好了，但当时只有磺胺，没有抗生素类药物。大家记住：在人类历史上，除了细菌引起的疾病以外，可能所有的疾病，我们将永远不能用药物治疗。希波克拉底早就说过，最能够防治疾病的方法是我们人类自身的免疫能力。

世界给了我们一个自愈率的概念，癌症、高血压都有一定的自愈率，但是从来没有一个国家说"我有治疗高血压的药"。如果一个人 35 岁得了高血压，一定是从 20 岁就开始有了潜伏期，一旦得了就没有药可治，医生会告诉你"吃药比吃饭都重要"。你的生活质量会下降，不能激动、不能紧张、不能兴奋、不能劳累，什么事都不能做，你就是个"行尸走肉"。如果你真的按照医嘱心静如水，高血压还真不能对你造成多大危害；但你的一生还有什么快乐？假如你做不到，就可能中风、偏瘫、半身不遂、成植物人，这绝不是危言耸听。因为血压高到一定程度，血管会破裂，破到脚指头上危害还不大；要是破到脑子里就是脑中风，破到心脏上就是心肌坏死。假如你 35 岁得了高血压，按照医嘱天天吃药，到 70 岁至少花 20 万，中等要花 30 万，稍微多一点儿就要花 50 万，洪昭光讲："前 30 年拼命挣钱，后 30 年拿钱保命。"你一辈子都跟命干上了。

下面，我们来分析 70％的高血压是怎样产生的。

假如你今天参加一个百米赛跑，发令员喊到"预备"的时候，量你的血压，无论是约翰逊还是刘翔，一定升高。你的心跳加速、血压上升，这个时候，交感神经兴奋、负交感神经受到抑制。交感神经兴奋带来脸红耳热、心跳加速、呼吸加深、瞳孔放大，所有的血液都压到动脉血管里，胃肠不再蠕动，更激动的时候会浑身战栗，皮肤苍白，血液都集中供应到肌肉里，准备应激。心跳平时可能是 70 次/分，现在可以达到 120 次/分。心跳越快，血压越高，输出的血液越多，以提供运动所需的氧和更多的能量。

因此，血压高是正常的需要。要不然，你怎么能百米跑9秒7？假如你第一次摸女孩子的手，一定会心跳加快、紧张，这是一种美妙的感觉，绝不会和摸猪肉的感觉一样。许多小说里描写主人公初次触摸、接吻的感觉是——快要晕过去了，而有的人真的晕过去了。我们必须得会血压升高，假如不会，这一辈子活着就没意思。

待到跑步回来，得了冠军，你的血压就会恢复原状。但如果，你每天12小时都在进行比赛，赛了10年，每次都很紧张；假如你每天都摸一次女孩子的手，每次都晕厥，晕厥了10年，就会形成一种习惯，再也无法改变。我们人类有一种防御机制，第一次是眩晕的感觉，第二次就不会这么激动。除非持续应激，才会产生危害。

比如，今天晚上，你在家里住。夜里2点，忽然听见窗户被人推开，你想：是风吧？接着，又听到脚步声，你想：不会是小偷吧？然后，听见你家的柜子门被拉开，这时候，你去找到父母："爸，擀面杖给你；棒球棒我拿着；妈，你躲到后面。"你们俩一起出击，小偷一看，撒腿跑了。你的血压又回归正常。你妈妈跑过来，流出幸福的眼泪："孩子啊……"从此，觉得你就是个英雄。你很有成就感，整个事件总共经历了3分钟，全家的血压都回归了。

假如另一种情况：有一对夫妻，躺在床上睡觉，听见厨房的窗户开了。妻子说："老公，是不是有人进来了？"丈夫说："不可能，你一定是听错了。""呀，怎么还有脚步声？不会错！""再听听。""是小偷！赶快起来呀！"老公说："哎呀妈呀……"钻床底下了。这个太太也跟着钻到床底下了，两人拉了一条被子躲在床下。小偷等了半天："怎么没人管我？"一看，床底下"被子"瑟瑟发抖："哦，原来是两个胆小鬼。"就开始大搜查，把存折、现金、银行卡、IC卡……都拿走了，一看，还没反应："今天晚上好像是英超联赛。"又坐下来看电视，你们俩躲在床底下，血压一直很高。

小偷再瞧瞧，这俩人真的这么无能！住下来了，一住就是15天，把屋里能吃的能喝的吃干喝净才走。15天之内，你们俩都在发抖。15天之后，小偷走了，你们的血压也固化，再也下不来了。

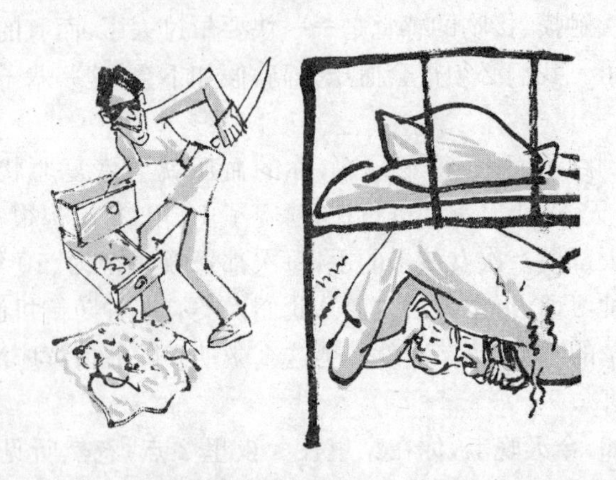

大量、长期、稳定的应激反应，会产生疾病，无法逆转

我曾经让很多学生做一个实验：找个柳树枝，缠3圈儿，3分钟后放开，会恢复原状；如果大一的时候，把它们缠起来，用绳子绑上，大四的时候放开，就不会恢复原状，成了柳圈儿。许多疾病都和应激反应相关，偶尔几次还不要紧，但大量、长期、稳定的应激反应，会产生疾病，无法逆转。

血压升高的时候，小动脉收缩、痉挛，过几分钟、几小时，甚至几天，都会重新回放到原位。但如果长时间痉挛，就会永远如此，成为高血压。人类把这些跑步、考试、谈恋爱、遭遇小偷等称为"应激事件"，并不分好坏。导致血压升高有三个渠道，一是神经中枢，有一个血压舒缩中枢在下丘脑、脑垂体处，当应激紊乱的时候，下丘脑就会紊乱，该收缩不收缩、该舒张不舒张，血压升高；另一个就是心脏，应激的时候，心脏的血流量会增加，心跳加快；还有一个就是肾脏，分泌肾上腺素，增加血液的输出量，提高心率，还有去甲肾上腺素，可以保持血管长年收缩。

是不是北京的家庭，都经历过小偷躲在床下15天呢？当然不会。北京人到底怎么了？我们来看看北京人的生活和其他人的生活到底有什么区别。

北京人，每天上班路程上花费的时间不少于4个小时。假如，8点上班，就得6点出发，5点起床。假如你又有个孩子，要给他做饭、穿衣服，就得4点半起来，6点钟赶到孩子的幼儿园。这时候，幼儿园还没有开门，这么冷的天，你得把孩子放在门口，哪个母亲看着不心酸？看着孩子在寒风中等待两个小时，想想都不是人过的日子。然后，坐上汽车赶往单位，还一步一回头朝孩子的方向张望。路上总共23个红绿灯，前两个路口还比较顺利，到了第三个路口就开始堵车，你会急得跺脚："快点儿吧、快点儿吧！"但是，车并不会因为你跺脚就加快速度。每次碰到红灯，你就血压升高，到了上班大厦的楼下——7点55分，如果电梯现在下来，你就不会迟到，如果3分钟之后下来，今天就肯定打不成卡，你在原地浑身乱动："快下来吧！上天保佑！"电梯终于没有按时下来，你拿着卡赶到，机器也不接受了，被扣了200元。一进房门，站着黑着脸的老板，你赶忙解释："我去送孩子了。""就你有孩子？我就没孩子？大家都没有孩子？"老板说得很对啊，"小刘啊，这个月你已经迟到3次了，总是这样，公司我怎么管？今天就向大家说个清楚：你有孩子，大家都有孩子，以后不允许这样。"老板是有道理的。"今天是最后一次，下不为例！我找你还不是为了查纪律，计划书写得怎么样了？""做好了。""拿给我！""还在电脑里。""昨天就安排了，怎么还不打出来？""我想今天来了一早就打。"打开电脑，中了木马病毒，赶紧请电脑专家，修到8点45分，好了。200页的报告，打到9点半，赶紧拿给老板，"怎么不装订？"又回来赶紧装订，好不容易按时交上去，本来可以放松了，老板说："今天的计划书你做了一份，有个海归博士也做了一份，中科院的博士也做了一份，三个人里你学历最低，你得注意！等会儿开完会再说。"10点钟开会，你的心就一直悬着：要是不用我的，就完蛋了，我半个月的心血啊。你忐忑不安，心跳不止，到了 12 点，会还没开完，听见里面直拍桌子。1 点半，上司终于出来了。“小刘，我也很紧张，这次算是通过了，但是董事长提出来，让海归博士来我们公司，你的是策划一部，他是策划二部，中科院的也给了两万元佣金，下次还是三份报告一起评。董事长要求你尽快提高学历。”……你家在望京住，离北京市中心远，下班回家已经晚上 10 点。孩子被校车送回来，躺在门口，你一看就火了：老公跑哪儿去了！回去做完饭，哄孩子睡觉 11 点了。孩子一睡着，你的火又上来了：已经不是第一天了，11 点多还不回来！昨天查短信就发现有问题！算了，赶紧准备考研吧，只剩下三个月了，大公司最少得研究生以上学历，不考研不行。你又开始三个月的考研准备，老公 12 点还没有回来，明天早上又要 4 点半起床，又要一步一张望地看着孩子……北京人怎么会不 70％以上得高血压呢？

假如一个城市的居民每天都要在路上奔波 4 个小时，他们的孩子每天要在寒风中等待，他们夫妻每天见面时间不到半个小时，他们每天面对各种各样的竞争和压力……他们焦虑、烦恼、失眠、脱发、得高血压是必然的。

北京、上海、南京、郑州……大城市的朋友会问：我已经待在这里了，环境就是这样，该怎么办呢？我说个秘诀：在都市里生活，有田园的心境！

享受都市生活　拥有田园心境 

都市的快节奏生活给现代人的心理、身体都带来不少问题，现在，我们看看“人”过的是什么样的生活。

听见鸡叫了，醒了，拉开窗帘一看，天还黑着，再睡会儿。过了一会儿，太阳出来了，起来吧。老婆正在做饭，“做的什么?”“刚开始刷锅，还没做好。”先抽袋烟，过半个小时，红薯煮好了，接着玉米也煮好了，这个时候 8 点 50 分，吃了几个玉米、红薯，你扛着锄头出来。走在路上，碰上二婶儿，二婶儿问：“今年地里种点儿啥呀?”“我还没想好种芝麻还是种玉米，先翻翻地再说。”你和二婶儿说话说了 15 分钟；假如北京人送孩子的时候，二婶儿过来了：“你今天去哪儿啊?”“不说了，不说了，回来再说。”根本就不可能停下来。你扛着锄头到了路口，没有停就过去了，因为没有红绿灯，下一个路口还是没停，过了 5 个路口一个都没停，因为没有一个红绿灯。到了地头，刚想锄地，发现一只野兔。你衣服一甩，拿起锄头开始追野兔，追了半个小时，没逮着又回来。隔壁王老二也来锄地，你问：“有水没?”“我提了一壶。”“借我喝喝。”两个人在一起抽抽烟喝喝水，开始锄地，锄到 10 点半，太阳升高有点儿热了，找来几个人，在树下开始打牌，到 12 点半回家。

你到田地的时候，没有人等着要给你打卡，没有人说“工作不要看野兔子”。你锄地的时候就是锄地，不会像写报告的白领那样想：这份报告三个人写，还有一个“海归”和我比。农民锄地决不会想：我这一锄得锄好，因为有“海归”竞争。自家的地想怎么锄，就怎么锄，也不会在打牌的时候想：咱们不能总是打牌啊，隔壁那块儿地是“海归”在种，咱村长说了“以后得提高学历”。

回到家，老婆已经做好饭了，是集市上买的黄河虾，还有从沟里摸的泥鳅、烤的新鲜玉米。小孩子围着一圈儿，有抱狗的、有赶猪的、有满地打滚儿的，你都不管。下午睡到 3 点，如果太阳还高高的，就不锄了，如果天阴，还出去锄地。这叫顺天应人，天人合一。到了晚上，看电视、唱大戏、打牌、遛狗、掏鸟窝。北京人一天的应激因素在 100 个以上，回家睡觉做梦都想：要考研啊，做下一个计划啊。做梦都是紧张的。而农村人可能一天连一个应激因素都没碰上，唯独碰上一个，可能就是野兔没追着。

享受都市生活，拥有田园心境

英国人占领南美洲的时候，有一个岛屿，上面大约是 30 万人，占领 70 年以后，原土著人大概只剩下 1 万人，其他人都抗不住流感死了。按照西方的观点：这是上帝在做自然筛选，我没有来消灭你们，是你们自身的免疫有缺陷。人类经历过许多磨难，像鼠疫、天花、猩红热，从19世纪开始，都市化来了。现在，都市化让中国人感到很棘手。在都市化的竞争中，我们有70%的人被感染了，说明我们的生活方式太糟糕。很多年前就有人提出要迁都，我很支持，因为北京太大了，布局不合理，大家都堵塞在中间。而西方人的都市设计得很好，是许多卫星城，呈放射式，大家都不到中间拥堵。

SARS来了，北京有、上海有、广州有，中间的郑州却没有，因为流行病专家说："人群密集到一定程度的时候，才会有SARS。"如果我们过不了都市化这一关，高楼起来了，汽车来了，交通发展了，生活质量却下降了。很多人心情浮躁：有多少人家庭幸福？有多少父亲陪着孩子玩儿？有多少孩子能满地打滚儿抱着狗摔跤？有多少人能自然地生活？有多少夫妻能生活在一起？

现在这种生活是非人的生活。要想避开疾病的生活模式，有几种能力要具备：

一、不要往火坑里跳。我建议大家尽量不要往北京、上海去，从健康的角度着想。假如非到北京、上海不可，35岁得了高血压，你想起我的话来，谁也没有办法了。有一种病叫"瘸子"，学名叫脊髓灰质炎，没法治。但是，这种病能不能防治？小时候吃粒小儿麻痹糖丸，一分钱都不用花。假如你不舍得去医院，你儿子就有可能变成瘸子，一旦得了，就治不好，就算是大学生、博士生，也没人要。最近一位辽宁女博士嫁给一个上海的清洁工，不用惊奇，人家能要她就不错了，谁愿意娶个瘸子当新娘？一旦得病，你所有的生活质量都会降到谷底。

二、当我们必须要面对问题的时候，就必须练就一套心理调节机制。享受都市的生活，拥有田园的心境。能量绝对不能蓄积！

小偷来了，怎么办呢？首先，第一条：晚上，推拉窗一定要扣好。一般这种推拉窗是弄不开的，我们应该有这种意识，不要粗心大意；如果小偷真的进来，你必须得冲出去，应激事件来了，躲是没有用的。你不出去，老婆会给你打上一个烙印：我嫁给了个窝囊废。以后每天看到老婆，都是耻辱。把擀面杖拿出来，呵斥小偷："手机放下！快走，再不走——老婆，打电话！"小偷一般会选择离开，老婆会跑上来，抱住你："多少年没这种感觉了！"太太成为你这位英雄的见证者，每次看到你，都有一种自豪感，这就是万事皆好。许多应激事件，对你来说都是机会。

如果你还能达到另一种境界就更好了：

"老公，听见没，小偷？""肯定是从左阳台右侧的窗户上来的。""你怎么知道？""我左边放的玻璃瓶，右边放的易拉罐。""那怎么办？""再等等。"忽然听到"哎呀"一声，"我放了滚珠"。又是"哎呀"一声，"肯定是踩到钉子上了。""现在该我出场了。"你拿着棍子出来，"怎么了老弟？绊倒了？"你太太、儿子绝对对你终身难忘，甚至觉得小偷是你派来的。

心理学方面，我总结了 12 条面对应激因素的必备特征。

一、尊重金钱

二、尊重财富

三、尊重员工

四、尊重烦恼

五、尊重自然

六、宽容人

七、使用人

八、有所为——尽人事，有所不为——听天命

九、避免陷入阐述道理

十、保持感激之心

十一、保持万事皆好之心

十二、坚持到成功为止

如果窗台没有易拉罐、阳台没有滚珠、前面没有三角钉，你

不可能那么轻松；如果小儿麻痹糖丸没有吃，你不会那么潇洒；如果一个人不想得高血压，这 12 条必须做到。我曾经让男孩子们拉着女孩子们的手做“盲行”实验，绝不是只为了让你们拉女孩子的手，是要唤醒你们的感激之心。如果一个人缺少感激之心，就很可能得高血压。你没有感激之心，又生活在北京，不得高血压才怪。现在，很多人得心身疾病，都是没有感激之心的结果。不能说没有感激之心的人都会生病，但生病的人都缺乏感激之心。

当然，应激的处理方法有很多种，就看你平时有没有准备。不能什么事情对你都是刺激、都是麻烦，应该什么事情对你都是机会。如果你把自己修炼成“武林高手”——事业上、生活中的武林高手，具备应对各种应激因素的能力，那就厉害了！这样的人，虽然置身于纷繁的都市中，却能安享田园心情，成就非凡事业！

选择健康人格

最后，讲讲保证健康的人格应该是什么模式。人格，就是人的格式，男人女人是不同的。很多人反对男女不平等，但我一直把男女分开对待，尤其在人格培养上。

男人三条足矣：事业上游刃有余；生活中从容不迫；个性上幽默温和。

假如一个男人，能把事情做到游刃有余：你是警察，练就一套一看就知道谁是贼的本领，你肯定不忙，肯定不会被别人驱使。局长会问："老张，你看谁是贼？你看谁对我有歹意？"你能一眼就看出来，那你就成宝贝了。如果你没有把事业做通，没有把本质做透，将永远是个"奴才"、永远跑来跑去、永远被人驱使、永远按时上下班。

假如北京女孩子的计划书是这种情况：老板问"计划书呢？""早准备好了。""拿来。装订了没？""还是彩色的。""这一次可是有'海归'和你一起竞争。""'海归'的思路在这儿。""你怎么知道？""他的网址我知道。方案你先拿去看，等会儿他会说什么你都知道。""听说中科院的也来了。""中科院的在这儿。别的还要不要？"……

你必须要练好这些功夫，因为你在别人的圈儿里，和别人在你的圈儿里有根本的区别。如果一个人是搞策划书的，所有竞

成功男士的标准：事业上游刃有余；
生活中从容不迫；个性上幽默温和

争对手的版本都应该打听得到。如果你是会计系的，一定要读熟、读透一本会计专业方面的书，本职的课程一定要学好。一个人4年读50门功课和4年只学1门功课会有本质的差别。如果有了这样的定位，你的工作方式就会不一样。老师如果定位成“游刃有余”，那他上课能不能拿讲义？“今天我们讲第三章，请翻到第30页，看第四段……”如果一个老师这样讲课，就是照本宣科，可以保证不会讲错，但永远不可能游刃有余；如果他说：“教材30万字，我怎么可能记得住？”那他压根儿就没有准备游刃有余。

生活中要从容不迫，一定要有计划。老板说：“你又迟到了。”“我就喜欢迟到。”“不跟你说那么多了，快拿策划书。”“给，还有海归的、中科院的。”老板说：“随便迟到。”——这不是开玩笑，深圳华为的副总、总工程师、总设计师，都可以不按时上下班，老总开了一个名单：“这一群人，就是我们的灵魂，想什么时候来就什么时候来;想什么时候回去就什么时候回去;一个人配三辆车。”华为的总工配了六个秘书。你必须能混到这个程度,否则你就是“奴才”。到了从容的阶段,你送孩子就不会匆忙:打个车,一个月30万元,怕什么!送完孩子8点钟,到公司9点,10点钟开会,三份计划书都在身后背着。你有本事了,事业上游刃有余了,生活上自然从容不迫。

开完会,老总找你,你正在打游戏,老板根本就不管你:“都被否定了,还是用你的。”你一笑:“感谢大家对我的信任。”“大家说,虽然你的学历只是本科,但你的水平比他们都高。”“这个,我知道。”你的老板绝对不会说“你得提高学历哦,董事长不满意了。”……

当老师,第一次上课,宁肯被学生哄下来,也不能拿讲义,定位就定在“游刃有余”、“从容不迫”,否则,你一辈子都是个笨蛋。

下面来谈女人,女人第一是温柔。老板来了:“你今天怎么又迟到了?”你怎么说?用手抚抚头发,细声道:“老板……”老板的火立时就消了一半。伊丽莎白女王说过:“耐心的力量胜过大炮。”

曾经,一个女孩子找我做心理咨询,小夫妻刚结婚装修房子,丈夫要在盥洗室装一面大镜子——气派;女孩子说:“真老土,应该装一个带花边的小镜子——精致。”他们俩为此几天不说话不见面,女孩儿说:“周教授,从这一点来看,他根本就不爱我,一块镜子就跟我争成这样。”我给她说了个办法,回去试试,看他到底爱不爱你。回到家:“老公,咱们先到商场去看看吧?”你老公平时最爱喝什么?“可乐。”你带瓶可乐,到了地方:“老公,你先喝点可乐。你看这样好不好?你喜欢大的,咱们就装一块大镜子,我脸小,再在旁边装个小镜子?”你得靠在他身上说。老公说:“随便,随便,你说咋办就咋办。”一瓶可乐他就蒙了,再往他身上一靠,这样说话,谁受得了?

比原子弹还厉害的是女人的温柔。女人一旦失去天性,不温柔，就会变成泼妇。“我说装大的，就装大的，不装我打你”，声音比谁都大，别人听见了问：“大哥，你咋娶了个母老虎？”

第二，女人要可爱。一定要把自己的“靓点”打扮出来，“靓”，是什么意思？见了这个女孩儿，就瞳孔放大、青眼相加。高个儿的可以亭亭玉立、低个儿的小鸟依人、胖的丰韵性感、瘦点儿的窈窕淑女，每个人把自己的特点收拾出来。但是不能贪，不能既想玉立、又想依人；既想性感、又想窈窕。

第三，女人要有用。女孩子不能说“我什么都不会”，装傻不行，装傻和撒娇不同。女孩子在关键的时候要会办事，老公说“赶紧报警”，你不能说“怎么报？”小偷一看，“好，你不会报警，把你和老公一起干掉”；你报完警说“老公，警察快来了，咱们先收拾他”，小偷吓得撒腿就跑了。

接下来，我来谈谈最重要的幽默感，男人一定要在个性上幽默温和。都市化以后，人类的生活方式彻底改变了。第一死亡率是心脏病，接着是脑中风、癌症，全是由行为方式导致，而化解这些疾病的良药就是幽默。美国是幽默的典范，二战期间，日军、德军都很强大，但他们过于严谨，有武士道精神。唯独美国人很幽默，干什么事情都像玩儿一样，这样就没有什么压力，动作不会变形，具有极强的创造力。

我经常讲这个例子：一个女儿，19 岁，天天看电视的广告：做女人“挺”好。她不甘心，觉得自己“不够挺好”，要去丰胸，父亲坚决不赞成。这个时候，该怎么说呢？严谨认真的人晓之以理，手术有风险，但大道理谁不懂？粗暴专制的训斥责骂，甚至逐出家门。只有具有幽默人格的人才最好地解决了问题。

“爸爸，我要去丰乳。”

“好啊，我最赞成，‘做女人挺好’。”

“我需要钱。”

“需要多少钱？”

“3 万元。”

"好，咱家刚装修过房子，现在还剩下一万五，先拿去丰一个。"

说到这里，没有谁家的女孩不被气乐的，但她知道，父亲以一种和谐的方式表示了不赞同，便就此作罢。

有许多财富、许多机会也在你的人格里，幽默是人类不可或缺的优秀人格。

男人 12 个字，女人 6 个字，保证健康，一生不变。

夏天不热 

听到“夏天”这个词，你的第一感觉会是什么？95%的人都会说“热”。热的感觉确确实实是“真”的，而且令人“难受”。合在一起，就是“夏天热，真难受”。

假如我问一群三岁的小顽童：“孩子们，听到‘夏天’，你们会想到什么呢？”他们会高兴地喊着——冰激凌！假如我问10岁的小女孩儿：“小姑娘，听到‘夏天’，你会想到什么呢？”她会用甜美的嗓音回答——花裙子！假如我问美国夏威夷群岛的女大学生：“Girls，听到‘夏天’，你们会想……”她们微笑的脸庞洋溢着青春——阳光、海滩、泳装！

美国有一个“少女节”，就定在夏季，因为夏天女孩子的衣着多样，容易显现美丽的身材，看起来比较性感。如果是在冬天，女孩子们都穿得上下一般粗，少女的身段、迷人的体态，还能看得出来吗？

大家想一想，听到“夏天”——想起冰激凌，是快感！想起花裙子，是美感！想起泳装呢？当然是性感喽！可是，一说“性感”，许多人就笑。笑，表示不好接受，难道“性感”有什么不好吗？那么，我们不妨先假设性感“坏”，但比起“难受”呢？人们更愿意接受哪一个？还是性感吧。你们有没有发现：“难受”比“性感”还坏？“难受”只是一个词汇，带来的却是意识。真的是夏天惹了你们吗？究竟是谁让你们难受呢？是自己！

我问“财院”，你们说“破”；问“男人”，你们说“坏”；问“女生”，你们又没有反应……想一想，你们身边除了女生，就是男生。男生都“坏”，对女生没有反应，身在财院却嫌这里“破”，身处的季节让你们难受，对自己也搞不清楚……凡是属于你们自己的都不好。可以预见：将来你进了单位，会嫌单位“差”；娶了媳妇儿，会嫌媳妇儿“次”；生个孩子，也会让你看着不顺眼，因为你对自己都没反应。

曾经，有个女生跟我说：“周教授，我告诉你，为什么对自己没反应：我眼睛小、还是单眼皮，嘴唇厚……家里穷、没钱打扮，只要是男生，看都不看我一眼。寝室 6 个女孩，就我一个没有男朋友。我自己，真的没法说……”她说的这些都是真的，这个时候，我告诉她：人要注重内在美。这有用吗？

冰激凌是不是真的？花裙子是不是真的？泳装是不是真的？都是真的。当然，你可以坚持：夏天热，也是真的，它就是让我难受！那么秋天呢？——秋天，万木凋零秋瑟瑟，愁煞人啊！那么冬天呢？——冬天更糟！我告诉你们，到了冬天，别人的冻疮长在手上，我的冻疮却长在脸上、大腿上，烦死了！那么春天呢？——春天来了，花就开了，花一开就有花粉，我这脸一到春天就花粉过敏。再说，花开了终究要落，落在地上就会被人踩，与其花开不如不开的好啊！

这人是谁啊？——林黛玉！林黛玉死的时候才 16 岁。

试想，像她这样悲秋伤春，怎么能活到成年！假如一个人像黛玉一样生活，怎么能过得好？黛玉妹妹的眼泪是从春流到夏、从夏流到冬，一年 365 天，没有一天不惹到她！现在有很多人失眠、郁闷、掉头发、甚至休学……痛苦得不得了，而事实上，真的是有什么事情惹了他们吗？

事实上，90%以上的情况是没有任何人惹到你，是你自己惹了自己。你们可以看看自己是不是这样：

女孩子整天在想：我应该考研吧，这样以后好找工作……但是考研必然会消耗很多时间，读完研究生出来就不好嫁人了……可要是不考研，又不好找工作……到底考不考啊……

男孩子呢：男子汉大丈夫要以学业为重，不能谈恋爱……可是，班里那个女孩子很吸引我……那也不能分心……不行啊，我一见她在教室里，就无法安心学习……哎呀，不能想不能想……

很多人就是这样天天跟自己内耗：起来读书吧——不行，今天刮风了，明天再说。第二天又睡过了：改天吧，反正时间有的是……到了成年，之所以没有成就，就是这样经常地把自己给消耗掉了，一直处于负性之中。负性思维的危害是最大的，即使这件事是真的。

心理学讲：真，往往是害人的，比谎言更甚。如果一个人骗你，他能骗你三天、三年，终究要被识破；但假如一件事是真的，正如"夏天热，真难受"一样，会让你终生受其害而不自知。

世界上对人危害最大的，不是杀人犯、也不是骗子。一个杀人犯来到财院，砍伤几个人，最多让他待上一个小时，必定要被抓走；一个骗子来到这里，就算他伪装得很好，骗了 10 个教授、20 个学生，最终也会被识破。但是，一个负性思维的人对你的伤害却是无法估量的：

你想谈恋爱？——我让你看看男人干的都是啥事儿……

你认为自己还不错——好好看看你自己：三角眼、塌鼻子、小矮个儿……你都失恋 10 次了。

你会有什么感觉？——哎呀，别说了，我早都难受死了！活着真没意思！

那么，我们应该怎样避免负性思维的伤害呢？这里有一个故事：

从前，有一座山，山上有 30 多只孔雀，每到春天交配的季节，雄孔雀就会竞相开屏，美不胜收，整个山谷都折射出生命与美的气息。山脚下住着两位姑娘——甜甜和真真。一天，甜甜兴高采烈地找到真真，激动地说："听说山上的孔雀开屏了，五光十色，美丽极了。咱们一起去看看，好不好？"真真噘着嘴，不屑一顾地回答："有什么好看的，还不如不看呢！"甜甜把真真硬拉到山上，放眼望去，成片的孔雀展开尾巴，煞是美丽。甜甜禁不住惊呼："真是太美了！"真真很沉稳："这算什么，我带你看看真实的孔雀。"她悠悠地将甜甜领到孔雀的背后。天哪！竟是那么肮脏的景象！孔雀没有卫生设施，每只的屁股上都长着占满粪便的绒毛，看了让人作呕。甜甜"啊"的一声，撒腿跑下山去。真真却认真地自语："我早说过，孔雀开屏并不好看。"

孔雀在甜甜心目中的形象被破坏了，因为她看到了真相。假如不看到呢，孔雀在她眼里的形象永远是美好的。甜甜看到正面的孔雀是真实的，美丽的；真真看到孔雀的背面是真实的，丑陋的。只是转换了一下角度事物就发生了质的变化。所以，注意鲜明的东西，看到的就是鲜明的东西；注意难受的东西，看到的就是难受的东西。

我们一般人呢，看到孔雀这个样子，转身就走了。但是，真真一辈子求真，特别执着。她就站在孔雀的后面盯着看，孔雀为什么会这么脏？看得孔雀都不好意思转身了，她也跟着孔雀转，站在孔雀后面，一直盯着研究。一个人对伤害自己的真相痴迷到这种程度，实际上，她已经变态了。心理学中给"变态"一词的定义就是：真实地、执著地寻求伤害自己和他人因素。

面对生活，你更愿意站在前面，还是后面？如果愿意站在前面，夏天来了就应该——是冰激凌——是花裙子——是比基尼！

那么，财院呢？一味地说"好"可能有些自欺欺人，财院不一定最好，但身在财院，应该给她一个“前面”的定位。前几届学生有人这样评价：财院，有潜力。中原小清华！……有一个答案给我留下的印象很深刻：财院——我的大学！迄今为止，这是我听到过的最好的回答。

你们应该认识到：你们的青春就在这里了，你们这辈子不可能有第二个四年的大学了。

心理健康十大原则之一：重视现在。

夏天来了就应该——是冰激凌
——是花裙子——是比基尼！

31 用母爱打造健全人格

2002年的韩日世界杯上，土耳其拿到了第三名，举世瞩目，全民狂欢，国会做出决定：我们的民族不错，很有潜力，现在要加入欧盟，不在亚洲待了！欧盟当然很高兴——因为欧盟一直在东扩呀——就派代表团到土耳其去调查。调查完了，代表团说，土耳其所有的条件都符合加入欧盟的条件，唯有一项：这个国家杀人偿命，不符合欧盟的标准。现在，全世界许多发达国家和地区杀人都不偿命，没有死刑了。

若真的杀人不偿命，岂不是要天下大乱？

有人想：这下好了，最近有个小子正跟我抢女朋友，要是杀人不偿命，今晚就把他摆平了！还有老张，要不是因为他，出国的名额就是我的……

我们很多人认为杀人不偿命会导致混乱。而世界上最早实施杀人不偿命、取消死刑的北欧四国某些年度犯罪率却为零。有些国家的人不相信，曾经专门派一些模特啊少女啊，穿上“三点式”在芬兰的大街上跑，半夜也随处走动；到今天为止，这些被派去的少女们，没有一个出事的。要是换作我们，可就不好说了吧？

除了没有犯罪以外，这些国家几乎是全民公费医疗，疾病发生率非常低。但如果说今天，我们实行全民公费医疗：现在去校医院看病、拿药均不要钱，在座的肯定都跑了，我课讲得再好也没用。

那么发达国家杀人不偿命、公费医疗，他们用什么办法来解决犯罪、健康这些问题呢？——母亲。教育。

北欧四国最早实施杀人不偿命，然后他们制定了亲子法。孩子出生以后，父母要休假——国家给予假期，所有的费用全部由政府进行补贴——瑞典的父母可以享受的假期是两年，挪威是三年。这个世界不会靠警察，最后为大家带来平安；不会靠医生，最后保证大家都健康。靠谁？靠爹娘。

心理学家经过近百年的追踪发现，真正成为罪犯的人，大多是童年被遗弃、缺失爱、受到伤害的人。那些杀人的重罪犯，60％以上都是出自问题家庭、破碎家庭或者是孤儿院长大的孩子。他们首先是受害者，你再杀了他们，有用吗？正常的家庭，夫妻和睦、孩子生活稳定良好、气氛和谐，都不会出罪犯。我曾在少管所见到一名少年犯，她因为同学抢了自己的男朋友，一怒之下就杀死了那个女孩，直到现在都没有丝毫悔意。我很奇怪她的性格怎么会如此偏执，占有欲怎么会这样强烈？后来了解到她的家庭情况就不难理解了——她 6 岁时父亲离家出走，8 岁时母亲服毒自杀，自小缺乏家庭的温暖。心理学家告知世人：消灭犯罪的最好办法就是让所有的孩子都在爱的环境中成长，尽量避免爱的缺失。

消灭犯罪的最好办法就是让所有的孩子都在爱的环境中成长，尽量避免爱的缺失

那么，孩子出生后，主动

寻求的是什么？并不是吃。母亲生产之后，三天才下奶。在孩子出生的头24小时里，他会干什么？

比如，有一个小宝宝出生了。爷爷来了，说："哎呀，总算生下来了！三代单传啊，咱家的香火总算保住了。"这个小娃娃有没有反应？没有！

姥姥来了："哎呀！俺闺女真有本事，自己才80斤，生个儿子8斤6两！"他有没有反应？没有！

孩子的爸爸乐得合不拢嘴："像，真像我！不用做亲子鉴定！"还是没反应！

孩子在出生的头24小时内，对所有的亲人都没有反应。现在，有一个年轻的女大学生过来了，说："小宝宝长得多漂亮啊！"小孩子有没有反应？

有！

人类婴儿在出生后的24小时内，只对年轻女性的声音有反应。请大家记住，心理学给人类的一句话："人类需要爱先于食物"。

他首先要——找妈妈。现在有很多女性讲男女平等：为什么孩子只让我照顾？我看白天，你要管晚上；我给孩子洗衣服，你就要为孩子洗澡。我就说："女孩子们，你们不能讲这个公平。孩子他不要爹呀，她只要娘。爹可以不管，娘一定要管。"生了孩子一定要母乳喂养，用爱呵护，这样的孩子70%不会失眠，不会得高血压，不会成为罪犯。

我们现在北京、上海有很多人都是高血压，其中有压力的因素，也有幼年时期母乳喂养不足的因素。现在35岁以上的人大多是文革期间出生的。那时母亲的产假是一个月，而很多女性为了表明自己的革命性，休息28天就开始上班，孩子就放到托儿所里；工作中间休息5分钟、10分钟去给孩子喂奶，急急忙忙地跑着过去：来来来，我孩子是1号，1号抱出来；3号，3号……这是大忌。我们中华民族有许多传统，不一定都是科学的，但有一句话是真的。老年人常说：小孩子不能吃热奶。什么是热奶？就是急急忙忙喂的奶。为什么不能吃热奶呢？

人类三岁以后才开始记事，但是心理学家发现：中国有句古语说得很好，“三岁看老”。观察孩子三岁的时候，就知道他的前途如何了。为什么没记事之前就什么都决定了呢？

比如，今天大家来听我讲心理学，你心里会想：“周教授，是个什么知名教授？还说什么杀人不偿命，这家伙是干啥的呀？他说杀人不偿命就不偿命啦？”你会拿你原本就具有的知识来评价我。因为你记得很多东西，会运用你的思维来考量。你回到家，周教授说的你能吸收30%就不错了，能吸收50%就很棒了，能吸收70%就是天才。你很难彻底地吸收，因为你有自己的一个评价体系。但是人类在三岁之前还不记事，没有一个评价的系统，对他经历的情绪情感会像海绵一样百分之百的吸收。也就是说，孩子跟什么样的母亲，将决定他的未来。如果母亲很安定、很祥和、很温柔；孩子也会拥有宽容、善良、悦纳他人等良好品质。假如你的孩子你不管，交给保姆，交给幼儿园，孩子一会儿拉了，一会儿尿了。阿姨说：“真烦，又尿我一身，我新买的连衣裙！再尿，看我打你！”一打，孩子哭了。“再哭！烦死了！说实话，也就是个孩子，要是条猫，我早摔死你了！”

保姆或者阿姨说的话，这个孩子能记住吗？——他能！他虽然听不懂，但他可以百分之百地感受到她的坏情绪，他知道：抱我的这个人不喜欢我，她想摔死我。

母亲抱孩子就可以培养出来许多优秀的品质：悦纳、安定、欣赏、关怀、亲切、温暖……观察发现：70%的母亲抱孩子头靠左边，不是为了方便做事，而是因为心脏在左边。刚出生的小宝宝连眼睛都不睁，从心脏的跳动就能听出来谁是亲娘，一到亲娘身上，孩子就有了安全感。为什么中国人现在疾病发生率这么高？为什么现在很多人情绪不稳定？从小就埋下了祸根！

为什么欧洲那些发达国家给母亲休长假，生产后两年内不用上班，国家出钱养这些母亲？因为孩子们在母亲的怀抱中成长，就会安定、祥和，长大不生病；就可以实行全民公费医疗了！

因此，将来你们有了孩子，一定要母乳喂养。心理学家曾经作过一个实验。五位母亲为一组，让她们轮着抱其他人的孩子。母亲可能会说“你这孩子真不错”，但眼睛始终跟着自己的孩子走，除非不是亲娘。亲娘抱孩子是一种盲目的状态，世界上所有的爱都是盲目的，一旦开始算计，那就不是真爱了。比如，我跟你讲：“你看你的孩子，跟人家克林顿的孩儿一比：没有人家鼻子高，没有人家眼睛蓝，没有人家智商高，将来个子也长不高……不如跟人家换换吧。”没有亲娘会换的。你会说“我觉得我的孩子好，怎么看怎么好！看这额头，多么饱满；眼睛，像宝石一样；耳朵像极了缅甸玉。”看着看着，你还要再亲一口。

人本主义心理学家早就提出，“有些人生来就具有攻击性”的说法是错误的。每个人生来人格都很健全，如果能在充满爱和鼓励的环境中成长，那么所有人都能成为乐观、和善的人。但是一旦有某些因素妨碍了这种自然成长的过程，那么就容易出现问题。比如说，爱打架的孩子往往来自于需要得不到满足的家庭，他们没有良好的自我形象，没有安全感，所以求助于暴力来解决问题。而改造他们的最好办法就是给他一个完整健康的家庭，让他感受爱和温暖。

只有一代优秀的母亲，才有一个优秀的民族。你们将来也会为人母为人父，挑起家庭社会的责任和希望。今天，布置一项作业，每人回家为母亲倒一杯水，亲手递给母亲，哪怕只说一句，妈妈您喝水。我想你们的妈妈所有的辛苦劳累都会立时消失。等回到学校，一杯水的温暖会在你们离家的日子一直陪伴着母亲……

仪表抵万金 32

心理学在所有学科中出现最晚，但是，它对世界的改变相当大，甚至涉及到我们察觉不到的细微方面。

在 20 世纪中叶，美国两个社会心理学家将此前 100 年美国盗窃犯的档案全部调出来，加以分析。大家当初觉得，一个人犯罪以后一般判定刑期的标准是根据他犯罪所造成不同后果的程度来量刑，如轻罪犯、重罪犯等。但是，心理学家彻底改变了人们这种看法。他们不根据犯罪的情节，仅仅按照仪表、外貌把这些盗窃犯分成两组。一组是模样看起来比较帅，打扮得干干净净、整整齐齐的；另一组长相粗野、胡子拉碴、不修边幅。

美国的法官认为自己是世界上最公正、最无私的法官。他们宣称："我们一向是根据犯罪事实来判断的，决不徇私。"统计结果却表明：形象俊朗、整洁的一组平均判刑是 2.8 年，外表邋遢、混乱的那组刑期均值为 5.1 年，二者相差 2.3 年，几乎差了一倍，这仅是由于个人仪表的差异。

消息传出后，全美哗然，整个世界的司法界都震惊了，难道我们真是"以貌取人"吗？我们真的不顾犯罪事实只凭人的长相判罪吗？心理学家分析了法官断案的心态：一个人长得贼眉鼠眼，眼神游移不定，歪戴帽子，斜系领带，看着就觉得他像贼。假如，另一个人来了，长得白白净净，穿着得体，戴着金丝眼镜，咦？

他怎么可能犯罪呢？一定是被胁迫的。这一点同情心代偿了两年多的刑期！虽然，法官们经常提醒自己：我要公正、不要徇私、不要受法律和事实以外因素的影响，但是，如果罪犯打扮得不够漂亮、不够整洁，就可能受到很大的冤枉。美国心理学家开玩笑说："你想少判点儿刑吗？请打扮得帅一点。"现在，美国的犯人上法庭前都会刮刮胡子，洗洗澡，穿上西装，打好领带，再粗野的人也把自己收拾得干净整齐，因为他们知道，官司胜诉与否，事实占一半、形象占一半。

世界上有很多歧视是不允许的，比如：种族歧视、贫富歧视、地域歧视、性别歧视，但有一种歧视是大家公认的：在许多星级酒店、大商场的门口都立着一块牌子——衣冠不整者，禁止入内。从来没有说：硕士以下不准入内，或者没钱没车不准入内，唯有衣冠不整、仪表龌龊的被拒之门外。人们口口声声说"海水不可斗量，人不可貌相"，可我们的第一印象永远都偏爱仪表出众的人。

人们口口声声说"海水不可斗量，人不可貌相"，可我们的第一印象永远都偏爱仪表出众的人

仪表的重要性已经在美国得到了广泛应用。里根竞选总统时已经70多岁了，而他的对手才50多岁，这是历史上年龄相差最大的一次竞选，大家都觉得他输定了。男人50多岁，精力旺盛，正是成熟有魅力的时候；70多岁，精力不济，你还能再干几年？意料之外，里根的竞选智囊团为他设计了特有的形象效果，使他战胜了50多岁的竞争者，一举踏上总统的宝座。

竞选演说那天，他们把演讲

台垫高一些，旁边安放几个台阶，铺上红地毯。大家以为里根一定是老态龙钟，应该缓慢地走上来，而里根身穿一套运动式衣服、脚踏一双休闲式皮鞋，上台的时候一路小跑，当然，在此之前他练习了好多次。大家震惊了，这哪里像70多岁的老头子啊！分明是四五十岁！他第一场就给人带来良好的印象，站到了强势的位置上。

心理学有一个晕轮效应，就是一种以偏概全、以点盖面的倾向，即人们在对一个人的某种特征形成好的或坏的印象后，倾向于据此推论该人其他方面的特征。平时说的“爱屋及乌”、“以貌取人”就是晕轮效应的突出表现。

说到这里可能有人觉得：形象——这个衣服还是小事情，可是我长得不好看，难道非要整容不可？长得丑不是你的错，但如果长得也不好看，每天穿衣服又邋里邋遢、毫不修饰，不注意举止形象，这就是你的错了。

美国又有两名心理学家做了实验：从某所大学中，随机抽取一个班，再随机挑选出三名女生，他们连面都没有见过。然后，找到班里的五个男生，说：“你们仔细观察这三个女孩子，给她们写信、写情书，谁能打动她们，就给谁1 000美元。”五个男孩子也很高兴，就卖力地写，比如：其中一个男孩子，躺在床上想，这个女孩儿很一般啊，该怎么写呢？他就如实描写——每当夜晚，我躺在床上，望着远方的星空，就想起了你。第二天，信又来了——想起来你的眼睛，就像天上的星星，那么深邃、那么明亮。然后，第三封信——今晚，我又梦见了你，脑海里浮现出你那双迷人的海洋般的蓝眼睛，知道吗？你的眼神写满了自信和智慧……他经常这么写，完全按照女孩的美妙之处去写。刚开始，女孩子不会在意，时间长了，她就想：我的眼睛真的很明亮吗？真的像海水一样湛蓝吗？我的眼神是否充满魅力呢？她就照着吸引男孩子的标准练习。一年以后，这三个女孩儿真的成为班里最出色的女孩子，一看就与众不同，气质出众。

也许，你长得不是最美的，但你可以把自己的仪表收拾出来。个子高的就打扮得亭亭玉立；长得有点儿胖，就修饰得性感丰韵；身材小巧的，就穿着成玲珑剔透的模样。“萝卜青菜各有所爱”，只要按照自己的特点打扮，只要时时刻刻充满活力自信，每一个人都可以让自己仪表出众。

举个例子：

1米72的女孩子：听说系里有模特儿队，正好！我这可是模特的身材啊，近似——魔鬼！

1米66的女孩子：看我这个子，高一分则太多、矮一分则太少，全中国最标准的身材，不高不矮、不胖不瘦——正点！

1米56的女孩子：男人最醉心的就是小女人了，小巧玲珑、晶莹剔透……醉得男人心里发颤，绝对——醉人！

在现代社会的求职、工作、生活中，仪表是十分重要的，第一印象的整洁、自信、优雅可能成就你的事业、婚姻、未来。如何成为最有魅力的人呢？告诉你一个最简单有效的方法：

有一部电影——《出水芙蓉》，形体训练老师问大家：“你们想不想成为世界上最有魅力的女人？”——想！那怎么办呢？“从今天开始，告诉自己，我就是世界上最有魅力的女人！”

世界上最有魅力的人会不会不洗脸、不梳头就出门呢？会不会走路风风火火，说话粗声粗气呢？会不会衣冠不整，不注意形象仪表呢？都不会！也许，开始你是刻意表演，是装出来的，但时间长了，养成习惯，你就真的成为世界上最有魅力的人了！

中间那个人是谁？

和什么人交往，将决定你的前途命运。假如前面坐着克林顿，后面坐着比尔·盖茨，左面坐着章子怡，右面坐着巩俐，你想想自己会是什么样的人？研究表明：在身边随意挑选五位朋友，你的收入一定介于他们之间。

朋友对我们的影响很大，《君子慎处》中讲：与善人居，如入芝兰之室，久而不闻其香；与不善人居，如入鲍鱼之肆，久而不闻其臭。和好人在一起，你不知不觉就变得温良端雅；和恶人在一起，你也会变成恶棍，别人拿一把刀，你拿两把。

下面我们来分析一下人际关系产生的原因。定义是这样阐述的：人际关系是人类需要的社会表现。找老师是为了学习，找客户是为了赚钱，找售楼小姐是为了买房子，找母亲是为了亲情……总之，我们和任何人在一起，都是为了需要。这是一种实实在在的关系，这种关系越长久、越深入、越牢靠，你就越吸引人；你能满足别人的需要越多，你的关系网就越大。当一个人提到钱得找你，提到爱情、亲情、事业都要找你，最后她就哪儿都不去，认定你了。这就是心理学中的"酬赏理论"：如果和你交往经常得到激励、奖赏、好处，人们就愿意和你在一起；相反，如果惩罚多，人们就会远离你。

很多人不懂得与人相处要常常给予对方酬赏，人际关系一团糟。假如你的朋友说你发型时尚，最近脸变瘦了，腰更细了，工作状态也不错，你心里是什么感觉？另一个朋友说，你的脸好像又胖了，腰也粗了，听说你和男朋友吹了。连着见了她三天，每次都这么说，第四天远远地看见她，你就躲开了。过去讲，人要做挚友、诤友，可做朋友不是及时发现问题，而是要你好，我好，大家都好。一旦你用发现问题的眼光看待朋友，你就会永远发现问题。

那么，怎样与人交往才能使我们如虎添翼、锦上添花呢？实际上，人际交往有四种基本态度，我们每个人皆在其中，概莫能外。

第一种，我不好，但你们好。这种人很自卑，看不起自己，觉得别人比他强，或很有自我牺牲精神，像父母、亲人。"别给我买衣服，水果也不要，你们自己留着，我老了，又有病，只要你们过得好，我无所谓。"假如一个人过得不好，病怏怏的，她的儿女能过得好吗？妻子不爱吃，不爱打扮，丈夫会开心吗？别人看见会问，这是你的太太吗？怎么像十八里沟来的。最孝顺父母、最爱丈夫、最疼孩子首先就是要自己过得好。有一首歌里唱：只要你过得比我好，什么事都难不倒……一直到老。这种原则是不可用的。按照新弗洛伊德的人格理论这属于依赖型人格，那些人源于幼年的弱小，现在依赖于他人的施惠，极力需要爱抚或承认；自己不强大，什么都让给别人，以此证明自己多么好。穷人家有许多感人的故事。妈妈夜夜缝补浆洗，妈妈最爱吃鱼头和烂苹果。比尔·盖茨的家里就不存在这种事情，他会和孩子们抢着吃，看谁吃得快，家庭充满健康快乐的气氛。我不赞成首先说我不好，如果丈夫说我可以牺牲；妻子说我可以牺牲；父亲、儿子都说，我可以牺牲；结果一家四口全都牺牲了。表面上你很高尚，其实谁都过不好。

第二种我不好，你也不好。许多人整日忿忿不平：说实话，要不是高考没考好，我怎么会来这儿，因此，你们也不行，有本事的都去北大、清华了，咱们一样，都不是什么好人。他们真的是这么想的，因为经常身处逆境，长期得不到缓解。武汉一家有三个媳妇，老大媳妇怀孕时，全家人都很关心，可生出来是个女孩，马上鸡汤撤了，连面条也得自己做。不久，老二媳妇怀孕了，大家又把目标转向了她，孩子一生出来果然是个男孩。这种事情本来不足为奇，但大嫂长期不自信，好不容易怀了孩子，又觉得命不好，生了个女孩，嫉妒心特别强。正当举家欢庆时，她把一瓶盐酸灌进了孩子嘴里，结果幼小的食道、胃都烧烂了，粘在一起。这种否定型人格的人就是"我不好，你也别想好；让我不开心，谁都别想开心。"寝室哪个同学惹了你，你夜里听收音机、说梦话，反正让他们也睡不着觉，大家都别想好过。真正的成功者决不会怀有这种心境，决不会看不起周围的人；心理健康的标志之一：重视身边的人。

真正的成功者决不会看不起周围的人；
心理健康的标志之一：重视身边的人

第三种我好，你不好。这种人攻击性强，很狂妄，认为自己最好。有首诗:“黑夜给了我黑色的眼睛,我却用它来寻找光明。”作者顾城认为中国人要靠他来拯救,一年四季都戴着皮帽子,打扮成牧羊人。因为《圣经》上说,世人皆是迷途的羔羊,需要上帝指引人们走出来。后来,在一个小岛上,他逼走情人,砍死妻子,然后自杀。这种人怀疑独断,孤傲仇视,容易伤害他人。有的女孩子长得很漂亮,却属于“冷美人”,凭我的长相、身姿,你们都是些癞蛤蟆,想吃天鹅肉。你可能长得好,可能有姿色,但不要以为别人都配不上你。有女人 30 岁还不结婚,渐渐没人看了,35 五岁彻底完了。曾经一个男孩子在自习室看见一绝世美女,他惊呆了,因为从未见过如此漂亮的女孩,盯着人家一直看。假如你长得很漂亮,别人看你,你第一反应应该是嫣然一笑。而这个女孩子高傲惯了,骂他是“流氓”。他又偏偏自闭敏感,同学们的起哄使他内心受到了极大的伤害,回到寝室,别人还在旁边喊“流氓”。从此,他看谁说话都觉得是在说自己,中途退学了。这件事不能全怪女孩,但她是一个诱因,目空一切的优越感造成了悲剧的后果。

无论是高尚有牺牲精神的、自卑嫉妒心强的、还是孤傲冷漠的,都不是我们要的。假如你属于前三种人,势必在人际交往的道路上举步维艰。我们需要第四种“健康人格”——我好,你也好。

我试试大家:假如你到专卖店看见一位女士,染了头发,身着吊带装、小皮裙,提着鳄鱼包,脚踏水晶鞋,你的第一反应是什么?——不是什么正经女孩。假如有个男的,戴着劳力士手表,开着奔驰,拉着一个女孩进了别墅,你想到他是干什么的?——不是什么好人。可能会有这样的情况存在,但这样想对你、对大家都没有好处。第一反应应该是这个人真有魅力啊,事业有成;认可他人也认可自己,这样才会形成我好、你也好的意识以及健康的人格。当有人伤害过你,还能说他的好处,更是难上加难。但只有达到这种状态,你才可能在人际交往中游刃有余。

"四面八方"的朋友都好了，你的前途也就不言自"明"了。美国的警察执行任务，两人分为一组，是先给他们安排困难的案子，还是给他们能做成的？要是不想让他们在一起就找困难的，失败的次数越多，他们就越泄气，就会想：怎么和他在一起倒霉事这么多！昨天被枪打了左腿，今天又被踢了一脚。假如先给他们布置个任务，说是纽约最大的一起案件，什么都准备好了，只等他们一踹门，枪一瞄，逮住匪徒。他会想：和他在一起，干什么都顺利，他好了，我也好。俩人在一起，首战告捷，此后攻无不克，战无不胜，每次出去都成功，他们就愿意在一起，会在一起，三年后成为全国知名的黄金搭档。

也许，你看见同学衣服穿得比你贵，学习比你好，挣钱比你多，连男朋友都比你的帅，心里不舒服。但良性思维是：她现在比我成功，应该多观察为什么她有今天的成绩；她男朋友认识的人多，社交渠道广，能不能给我也介绍个优秀的男孩子？做朋友不是及时发现问题，而是要你好，我好，大家都好。一旦你用发现问题的眼光看待朋友，你就会永远发现问题。多找别人的优势，多为成功者鼓掌，使自己习惯于这种思维，将人际关系转化为财富。

处理好人际关系是一种艺术，也是一种技巧，首先要端正态度，时时处处做到：你好，我也好；努力使自己成为中间的那个人！

做只调皮的毛毛虫 34

比较心理学家做过一个有趣的实验：将一群毛毛虫放在一个花盆的边缘，它就会首尾相连不停地转下去。后面的永远跟着前一只，整齐地蠕动，而食物就在旁边转身可触的地方。这一队乖乖的毛毛虫被活活饿死了。忽然有一天，一只调皮的毛毛虫远离队伍，找到了食物，所有的同伴都得救了。个体的差异拯救了整体，可见差异造成的影响非同小可。

生活中，人的差异表现在更多的方面，如性别、品质、情趣、知识、爱好……无处不在，包罗万象。其中，个性的差异尤为重要。

也许，现在你正头疼，因为同学想的和你不一样，朋友做的和你不一致，家长和你有冲突，领导安排的工作你也不情愿。如此种种，不由得心生感慨：如果人人一样，岂不顺心如意！可是，完全理想的状态是不会出现的，因为人有偏短，个性使然。

心理学研究发现，人的个性差异表现为四种气质类型：多血质、胆汁质、粘液质和抑郁质。

前苏联心理学家达威多娃做过一项实验，有四个人去戏院看戏，都迟到了15分钟，工作人员拦住他们：先生，对不起，您已经迟到15分钟，为了不影响他人，您不能进入。

第一个人：为什么不让我进！你知道我为什么迟到吗？刚

才有个老大娘摔倒了，我为了扶她才来晚，我是做好事，怎么能不让我进?！——好好好，进去吧。这种胆汁质的人精力充沛、情绪发生快而强、言语动作急速而难于自制、热情、显得直爽而大胆、易怒、急躁。

第二个人：听你的口音，你是南阳人吧？我老婆也是，这里有南阳的烟，你来一根。我是税务局的，以后有什么事情，尽管找我。——快进去吧。多血质的人活泼好动、敏感、情绪发生快而多变、注意力和兴趣容易转移，思维动作言语敏捷、亲切、善于交往，但也往往表现出轻率、不深挚。

第三个人：不让进就站在旁边等，不走。第一个人进去了，他为什么能进？——他做了好事。第二个人，又是什么原因？——算了，算了，你也进去吧。这种人属于粘液质，安静、沉稳、情绪发生慢而弱、言语动作和思维比较迟缓，显得庄重、坚韧，但也往往表现出执拗、淡漠。

第四个人：呀！我确实迟到了，不好意思，离开。这是典型的抑郁质，柔弱易倦、刻板认真、情绪发生慢而强、体验深沉，言行迟缓无力、胆小忸怩、善于觉察别人不易觉察的细小事物，容易变得孤僻。

个性当中，哪种气质类型好呢？许多人选择了多血质。假如有个小孩子，你问他："小朋友，爸爸好，还是妈妈好?"他会大声回答："都好！"就像我们的左手和右手，哪个比较重要？——都重要！其实，四种气质都好，各有各的特点。所有的气质都是天生的，是你的天分之一。要尊重天分，合理运用，这才是关键。

多血质的人就让他搞外交、推销、公关。他卖手表，找找这个，找找那个，比谁卖得都多。胆汁质的人适合当军人，做销售员，干侵略性的工作。被称为"战争之神"的巴顿将军的口号就是"攻击、攻击、不停地攻击"，别人都办不到，他却战无不胜。粘液质的人适合管仓库、做门卫、办公室秘书、会计等，他们不急，善于保守秘密、有耐心，精通细致的工作。抑郁质的人往往做发明家、科学家、艺术家,他们比较敏感,别人没感觉到,他们会先感觉到;对现实要求高,改变现实的欲望强,善于寻找事物的规律性。

上帝创造每一个人都有其自身的个性,要悦纳自我,赏识他人,寻找优势。

古代有一个榜样,讲的是《鸡鸣狗盗》的故事。

战国时候,齐国的孟尝君喜欢招纳各种人做门客,号称"宾客三千"。他对宾客来者不拒,有才能的让他们各尽其能,没有才能的也提供食宿。

有一次,孟尝君率领众宾客出使秦国。秦昭王将他留下,想让他当相国。孟尝君不敢得罪秦昭王,只好留下来。不久,大臣们劝秦王说:"留下孟尝君对秦国是不利的,他出身王族,在齐国有封地,有家人,怎么会真心事秦呢?"秦昭王觉得有理,便改变了主意,把孟尝君和他的手下人软禁起来,只等找个借口杀掉。

秦昭王有个最受宠爱的妃子,只要妃子说一,昭王绝不说二。孟尝君派人去向她求助。妃子答应了,条件是拿齐国那件天下无双的狐白裘(用白色狐腋的皮毛做成的皮衣)做报酬。这可叫孟尝君作难了,因为刚到秦国,他便把这件狐白裘献给了秦昭王。就在这时候,有一个门客说:"我能把狐白裘找来!"说完就走了。

原来这个门客最善于钻狗洞、偷东西。他先摸清情况,知道昭王特别喜爱那件狐裘,一时舍不得穿,放在宫中的精品贮藏室里。他便借着月光,逃过巡逻人的眼睛,轻易地钻进贮藏室把狐裘偷出来。妃子见到狐白裘高兴极了,想方设法说服秦昭王放弃了杀孟尝君的念头,并准备过两天为他饯行,送回齐国去。

孟尝君可不敢再等过两天,立即率领手下人连夜骑马向东快奔。到了秦国的东大门函谷关,正是半夜。按秦国法规,函谷关每天鸡叫才开门,半夜时候,鸡怎么可能叫呢?大家正犯愁时,只听见几声"喔,喔,喔"的雄鸡啼鸣,接着,城关外的雄鸡都打鸣了。原来，孟尝君的另一个门客善于学鸡叫，而鸡只要听到第一声啼叫就会立刻跟着叫起来。怎么还没睡踏实，鸡就叫了呢？守关的士兵虽然觉得奇怪，但也只得起来打开关门，放他们出去。

天亮了，秦昭王得知孟尝君一行已经逃走，立刻派出人马追赶。追到函谷关，人家已经出关多时了。

孟尝君靠着"鸡鸣狗盗"之士成功逃回齐国。

也许，在你们的心里，歧视的感觉挥之不去，习惯于用贬低的眼光看人。可世界是一面镜子，你这样看别人，别人也这样看你。和谐，就是只读有用，只读一，不读二，不要用一种标准评价所有的人。世界需要英雄侠士，也同样需要"鸡鸣狗盗"。

和谐的世界有两条必备的特征：一、发现差异、允许差异、运用差异；二、不改变、不强求，找到每个人应有的位置。

从前，一个和尚因为耐不得佛家的寂寞就下山还俗了。不到一个月，因为厌恶尘世的灯红酒绿，又上山出家。再过一个月，觉得空虚，还是下山去了。反反复复，总是高不成低不就。

如此三番，他很苦恼，便找老方丈。方丈笑了，说："我正等着你呢，你真是个宝贝。有缘之人，我来给你指条明路。山上的寺庙需要化缘，其他小和尚嫌尘世太吵，不愿下去；山下的人来庙里烧香还愿，又怕路途遥远，缺少个歇脚的地方。你干脆也不必信佛，脱去袈裟，在半山腰支一爿茶店，好似中转站，再娶个小娘子。既远离嘈杂喧哗，又避免过分清净。"他听了方丈的话，从此，找到了自己的位置。

有人做和尚，没有任何俗欲，只享六根清净；有人很俗，觉得自己活得惬意，很幸福。世界就是由山顶、山腰和山下组成的。要允许所有的人存在，不强调个性统一，让他们找准位置，安于自己，发挥优势。

有人一生试图改变自己，想变张曼玉、想成伏明霞，想做比尔·盖茨。尼采说过：他人即地狱。当你羡慕别人，要变成他

天生我才必有用，合理运用差异，每个人都是宝贝！

的时候，你就进了地狱；同样，你想改变他人，要求事事处处一致的时候，他人也就进了地狱。天生我才必有用，合理运用差异，每个人都是宝贝！

人的个性是不可能完全一致的，慢慢培养自己看见差异就产生兴奋感，而不要求整齐划一、所有人都一样。先做到与自己和谐，再做到与朋友和谐、与同事和谐、与妻子和谐、与家庭和谐。人人都和谐了，社会就和谐了，世界就美好了！

盲 行 35

心理学实验课：盲行。

为了让每位同学都能亲身感受，我预先告诉大家："孩子们，你们应该明白：你一生只有这一次盲行的体验，而且就在今天、就在这里：在今天这堂课上，所有人都能理解你的行为；但如果换个地方这样做，你就不会被理解。必须亲自参加才能体会，否则将永远感受不到盲行的主旨。"

夜色如水，凉风微习，轻柔的音乐舒缓漾起，空旷而悠远……

偌大的报告厅人头攒动，所有同学，一男一女自由搭配，依次走出去，四百多人井然有序。其中一个回寝室拿毛巾将搭档的眼睛蒙上，被蒙上眼睛的就是"盲人"，由另一个同学指引着穿过天桥、花园、湖边、小径、莲花池，最后仍回到这里。

19：20 p.m. 正式开始。

19：50 p.m. 回来了三对儿。

19：55 p.m. 大队人潮陆陆续续回来。

20：15 p.m. 基本上全部到齐。

讲课正式开始：

每年，心理学课的盲行实验都会给大家带来很多感受和有趣的故事。

有人会谈到信任与默契、沟通、服从、理解以及创新探索等等，但这都不是我要的答案。

有一年盲行活动回来，一个男孩儿谈完了感受，接着说：让我的搭档也说两句。本是相互关照，可那个女孩儿说的很坦率：我对我的搭档很不满意，一下楼就跑了，是我叫住他的——男生怎么能这样？当面就敢骗我，我要告诉你，起码，诚实一点！

还有一个女生说：我对这个男生也很有意见，他让我拿毛巾，我说："你去"，他才去；我在楼下等着，他拿个毛巾就花了半天，时间长、效率低。随后，那个男生不好意思地解释：我的搭档很漂亮、脸很白，而男生寝室的毛巾从来都没有勤洗的，很脏，我找了几个宿舍，都没有能看得过去的，我之所以下来晚，是为你找一条干净的毛巾……言毕，已有泪花在女孩眼里打转。

其中，也有琼瑶式的浪漫。一个外表温柔的女孩说：我被感动了。在湖边走的时候，为了让我放心，他一直倒着走，有一会儿我实在很好奇，就问他"我离水面近吗？"他说：你离水面不到半米，但，我在你和水面之间。

的确，大家的许多答案都很特别，很有创意，但今天，这节课是一定要较真儿的，我只允许有一个答案，不允许有其他结论高于这个答案之上。

感——激——之——心！

你们有谁想到过感激呢？当你们在黑暗中行走，即使有人搀扶也感觉不便，可大家知不知道，中国有 4 000 万盲人！身体健全是幸福生活的基础条件，但完美的状态是可遇不可求的、很罕见。几乎所有的人都不可避免地在某个时候，出现某种身体上问题。你们是不是该为自己拥有健康的身体感到幸运，是不是该对自己所拥有的平凡却珍贵的财富心怀感激。只有失去，才会感受。但我希望大家不要等到失去了什么，才怀念起原本平凡的生活蕴藏了这么多幸福。

上天给你明亮的眼睛，却压根儿不去感激；有人买了手机都会很开心、买了电脑也会很兴奋，甚至别人送了手机、电脑还会很感动……而所有这些东西，和眼睛相比又何足挂齿？有人经常感到“灾祸临头”、感到郁闷、失眠、焦虑，都是缺少感激之心的结果。我们生命当中最宝贵的东西，上天都赋予给你们了：你有一双手，跟它比，电脑算什么？你有一双眼睛，跟它比，一切不如意算什么？你有健全的身体，跟它比，没考上名牌大学又算得了什么？

建议你们回去以后读读海伦凯勒的《假如给我三天光明》，感受一下。

我这块表看起来怎么样？精致吧？我的西装呢？有人说“帅”了。

这样理解，我的心情好不好？当然好。工作效率高不高？一定高。假如不这么想：就我这表，国产的，都拿不出手；我的西装比人家的名牌差多了——那么，我的心情会好吗？工作效率能高吗？生活又怎么会感到快乐呢？

感激之心，今天开了个头，你们回去自己理解、体会。从现在起，培养扩充自己的感激之心，感激我们获得的食物、感激所穿的衣物、感激周围人的关怀，并使之成为习惯——感激之心原本就是十分容易获得的。而一旦形成了这种感激之心，会让你感到自己非常幸运，珍惜所拥有的一切，并以积极的心境去赢得更多感激之物，从而达到良性循环。

美国唯一一个以人类美德命名的节日就叫做“感恩节”，文章《带着感激之心生活》中这样描写：在社会中太多礼节已被简化甚至荼毒的今天，这一类礼貌有幸仍能硕果仅存。比如，在美国你如果当众打了一个喷嚏，你应该立即再跟着说一声“对不起”，你周围的人这时会说“上帝保佑你”，你回说“谢谢你”，他们然后再说“没关系”。在中国若受到这样的待遇，恐怕你要感激涕零了。

美国有一种说法是“带着感激之心生活”，而且这句美国人中最常见的说法就常常被印在青年人的T恤衫上。在美国，即使是夫妇两人之间每有哪怕是迎送取递一类的小细节，受者也

心存感激越多,幸福也越大

一定是会说谢的。虽说如此一来夫妻间的情愫听着可能生疏不少,但从人的角度细想,这种事情就会觉得毫不过分。先不论夫妻之间,仅仅是人际关系中一个细微的举动——别人为你减速停车,让乱闯马路的你先行,你能不从心底里动容吗?

最后,我建议大家背下这段话:

> 对每一个人而言,感谢之心可以说非常重要。从另一个角度看,可以说是人类一切幸福的根源。所以,如果没有心存感谢,断不可能有幸福可言,甚至会导致灾祸临头。
>
> 心存感激越多,幸福也越大。换言之,感谢之心乃幸福之匙。如果失去这把钥匙,幸福必然会在刹那间归于瓦解,化为乌有,由此可见感谢之心的重要。

将来,传给你的太太、你的孩子、你的家、你的公司,它能让你的家庭祥和幸福、让你的事业长治久安。对中国人来讲,这一段话抵过 14 年的知识。

请记住:心理学的最高原则——感激之心。

向左走，向右走？

很久以前，有一座城市，从它的中心街区向左数住着12户人家，向右数也住着12户人家。左右12家各有12个姑娘。可是，左边的12个姑娘过得都很悲惨，死的死、伤的伤、有病的有病、被掳走的被掳走、被遗弃的被遗弃……没有一个过得好；而右边12家却很幸福，生活美满、妻贤子孝、夫妻和睦。假如你来到此地，更愿意和哪边的姑娘接触呢？

心理健康、良性思维的人都会选择靠近幸福，远离悲苦。

更有人不禁要问，哪里会有如此巧合的“城镇”呢？

但是，我们现在就有这样一种文化——《红楼梦》，它就在我们身边。《红楼梦》里的“十二钗”，伤的伤、残的残、被掳走的被掳走、被强暴的被强暴、病死的病死、当尼姑的当尼姑……特别是她们的代表——林黛玉，斤斤计较、最爱较真儿，最后未成年夭折。假如被这12个女子所感动，对《红楼梦》爱不释手，像她们那样去学习、去工作、去生活，将来能过得好吗？

《红楼梦》的作者曹雪芹，个人生活就很不幸。他们家一天只熬一锅小米饭，放一点儿韭菜，早上熬好以后，切成块儿，每天让自己的孩子和老婆吃这些，谁会愿意呢？他的媳妇肯定也不愿意。这样的人写的书，即使再感人，能让你走向成功、幸福吗？

中国的女孩子读《红楼梦》，记的最多的是《葬花吟》，凄凄惨惨、悲悲凉凉，林黛玉就是这样的典型。比如，宝玉去找黛玉妹妹，“哎呀，妹妹，今天咱们一起去茶社吃茶吧?”黛玉问：“宝玉啊，你今天早上是不是第一个来请我的?”宝玉说：“我刚才路过宝钗那里，跟她也说了。”黛玉的眼泪“唰”就下来了：“你看，我就知道你不会第一个来请我!”后来，宝玉就学乖了，第二天不找别人，直接来黛玉这里。“春天来了，妹妹咱们一起去欣赏春天的美景吧?”黛玉也调查过，今天确实是第一个来找她的，就一起出来了。走着走着，看见柳树枝头站着一只美丽羽毛的小鸟，宝玉说：“你看那只小鸟多漂亮!”黛玉娥眉微蹙，神色黯然：“可是怎么只有一只啊？多孤单!”林黛玉在任何时候都表现出悲剧思维、悲剧性人格，她影响了很多人，尤其是那些多愁善感的人，她让他们永远生活在痛苦之中。我们现在的四大名著，都是明清时候产生的，那时，中国是世界上最弱的国家，也是中国人最孱弱的时期。我们要看繁盛的人、强盛的文化，不要接触这些愚昧、凄惨、悲凉的文化，它会让人们产生一种悲剧人格。

有位美国心理学家——A・Ellis。他创立了 A－B－C 理论，揭示了这样一个原理：诱发事件“A”只是引起情绪及行为反应“C”的间接原因，人们对诱发事件的看法、解释“B”才是引起人的行为反应的直接原因，但这种实质性的因素是内在的，往往不被人们所知。《红楼梦》宣扬、传播给人们的就是悲剧性的、非理性的信念，如果人们崇尚这些理念，就会长期处于不良的情绪与行为反应状态中，最终导致伤害而不自知，只以为是生活事件伤了自己，其实是自己害了自己。实际上，健康生活的人们，会遇上同样的、甚至更大的麻烦，而正确的心态可以解决问题，化解麻烦。

心理学有一个原则，它追求的是让人们都过上“成功、健康、幸福”的生活。而过去，人们往往以这个事情“真”与否，或者这个事情能不能打动我作为判断标准。

曾经，有一位男士愤愤不平：“我过去真的把这个事情是不是‘真的’作为判断标准，如果这个事情是真的，你有什么资格跟我争？我在单位混得不好，就是因为我爱较真儿。有一个同事跟我说：‘老张，小李骂你。’我说不会吧，我们俩关系很好啊。他说：‘就是因为你们俩关系好，他对你了解多，才骂你。’‘骂我什么？’‘哎呀，说不出口。’‘那我得去找他！’我找到小李，非要问。小李当着众人的面不好意思说：‘哎呀，算了算了。我当时喝了点儿酒，没说什么。’‘不行，我有证人，你来给我作证。’小李结结巴巴说：‘我……当时确实骂你了，我说……你这种人就是……没良知，……龟孙不如。’”全公司的人都在周围，所有人都知道了“老张龟孙不如”，本来就是一两个人知道，这下大家都知道了。他说：“我当时就觉得我一定得弄清楚这件事，这件事是真的。现在，我才知道，办任何事、花任何精力以前都要考虑：这件事情会不会给自己带来成功、健康和幸福，如果不会，‘真的’也与我无关。”

如果你的努力会给你带来灾难、伤害，会伤害到你的自尊、你的荣耀、你的财产，你何必要努力呢？

世界上最伟大的作家托尔斯泰有一句名言，为了这句话，他思索了10年：“幸福的家庭都相似，不幸的家庭各有各的不幸。”所有幸福的、正常的事情，都是很相似的；而例外的，往往不是“正”和“常”的东西，它们和幸福离得比较远。我们中华民族幸福的文明在汉、唐、宋、元。那时候，中国人受《四书》、《五经》、仁义礼智信的影响，倡导和谐，这是我们中华民族最发达时候的理想。后来提到“斗”，《红楼梦》里讲的就是斗，尔虞我诈、勾心斗角。主人公林黛玉就是个勾心斗角、极为小心眼的人，我们要鄙视、摒弃这些不幸的东西，让所有的人都幸福。

实际上，中国真正的四大名著是《四书》——《大学》、《论语》、《中庸》、《孟子》。我们应该进入辉煌灿烂的状态，不要再接触悲剧的生活，即使那些很感人，即使那些千真万确。

当我们都过得幸福的时候，灾难就会减少，因此，不强调灾难和灾害，要强调怎么样走到右边的12家去。不要哪儿有地震你就往哪儿跑，哪儿有水灾你就往哪儿跑，哪儿有12个悲惨的女子你就往哪儿跑。应该是哪里有阳光、哪里有金钱、哪里有幸福生活、哪里有爱、哪里有成功，你往哪里跑。

平时，多接触一些成功的女孩子、成功的女士、成功的女性；远离那些不良的人，不管他们多么能打动你，多么真实。《红楼梦》——首先应该把它烧掉。

现代的书，要处理掉三毛的、张爱玲的、路遥的……。三毛经历坎坷，最后自杀。许多人研究她为什么自杀呢？管她为什么自杀！就是不要理这样的人。也许，有些人看了她的作品，认为她有很阳光、很快乐的一面，但是，我们要的是最终的结果。

张爱玲，她的一生过得也很不好、很悲惨。

钱钟书，他有一个著名的理论，认为婚姻就像围城，外面的人想进去，里面的人想出来。实际上，应该倡导快快乐乐的生活，当你结了婚，就应该好好爱你的家，对你的家负责，营造出快乐的氛围。当你还没结婚的时候，应该追求幸福，怎么能说“进去了就要出来”?！这不是危害我们伟大的中华民族吗？

我给大家推荐几个成功、健康、家庭也很幸福的人，比如：撒切尔夫人，有本事，丈夫很好、自己也很长寿。很多人说：“我不了解她们。”那是因为我们过多地关注了“三毛”们。还有维多利亚女王、伊丽莎白女王、卡耐基夫人。近处，我们身边哪个女人事业好、孩子好、丈夫也好，你就多跟她接触，重树健康、幸福、宁静的人生理念，避开十二钗、《红楼梦》、张爱玲、三毛，避开伤痕文学。

其实，悲剧危害人格的作用是相同的，只是程度有所不同。日本人做过调查：顺境中成才的几率可以达到70%，逆境中成才的几率仅有5%。当中国人崇尚悲剧、崇尚逆境、崇尚痛苦，天天找麻烦、找痛苦，就会永远走不出来，还以为这可以锻炼自己。

所以，务必，向右走，向成功、健康、幸福走。

向右走，向成功、健康、幸福走

有阳光，足矣！

有这样一个国家，它没有历史，没有文化，没有山川，没有河流，一切有利于发展经济的资源它都没有。可是，它是全世界最有秩序的国家，是亚洲旅游业的巨擘，是一条腾飞中的“龙”。它就是享有“花园式国家”之称的——新加坡。

1972年，新加坡正处于经济发展时期，政府启动国家各个方面的资源，以期待经济突飞猛进地增长。许多部门都给本国领导写信希望得到支持和帮助，他的旅游局局长也给他写了封信，在这封写给李光耀总理的信中提到：“我这个旅游局长真是没办法当了，我们的旅游业实在是不好搞。新加坡不像埃及有金字塔、不像中国有长城、不像日本有富士山、不像夏威夷有十几米高的海浪。我们除了一年四季直射的阳光，什么名胜古迹都没有。要发展旅游事业，实在是巧妇难为无米之炊！”

这些都是事实，所以，按照他的说法旅游确实难以维系，新加坡既没有山川河流的优势，又没有人文历史的优势，李光耀就给他回了一句话，仅仅五个字，就使新加坡日后成了亚洲第三大旅游城市，而它依然没有古迹，没有山川，没有河流。

心理学是在不增加人力、物力、财力的情况下，给人以最大的收获。即不增加投入，却能增加产出。李光耀就是运用了这样一个心理上的调整，使新加坡的旅游业产生了巨大变化。这句话就是——“有阳光，足矣”。新加坡的阳光和我们北纬三十几度的阳光不一样，它的阳光大都是直射的，非常有利于植物生长。从那时起，新加坡就将自己的国家全部种上花草树木，把它建成世界上唯一一个花园式的国家。如果你想在一个国家随处都能找到花，而不只是在公园、广场、花店，你就得去新加坡。由此，它成为了全世界当之无愧的花园之国。

很多人强调要全面地看世界，全面要求自己，不仅要文科好，理科也要好；不仅要长得好，身材也要好；不仅要有才，还要有貌。这与心理学的要求有很大的区别。心理学不是全面要求自己的，而是只读一。比如：要扫描你，就把你最漂亮的一面扫描出来让大家看。不会把你刚刚起床，还没梳洗，最丑的一面扫描出来让别人看。我们要求的是读“一”。如果按照全面的观点来要求，新加坡就要去挖水库、造山、造古迹，很麻烦，效果也比不了其他国家。上帝是公正的，给谁的都是一样的，不多给也不少给，你没有古迹、没有金字塔的时候，可能就有阳光。你没有阳光的时候，可能就有河流、山川、冰雪……每个国家，大小无论，每个人，高低无论，拥有的资源都是一样的。假如你非要有埃及的金字塔，非要有中国的长城，非要有印度的泰姬陵，就会背上沉重的负担，而且不一定有别人发展的好，你会最终为这个工作所累。

现在有很多人，为自己的工作、学习、爱情、家庭所累。因为他想达到全面、理想的标准，别人家有车，我也想开自己的车。别人的太太有多美，我也想有个这么漂亮的太太。别人的孩子学习好、上了重点，我也想让自己的孩子上重点学校。当你全面要求自己的时候，你就会非常累，最后你的精力会分散，达不到你期望的要求。

心理健康倡导三个原则。第一，悦纳自我。对你自己有什么优势，一定要心怀喜悦地去接受。第二，赏识他人。你的妻子，儿子，你要读一，会读你妻子的美，会读你儿子的优势。第三，优化社会。优化就是不看问题，不看差异。只看能够优化的那一部分，看社会能给我们带来资源、优势的部分。如果一个人天天用这种思维、这种方式去生活，我们就把他叫做“良性人”。在他眼里，什么事情都是有利的、有助的，其他伤害性的事情不考虑，这种人就能走进良性的状态。我们的很多痛苦和烦恼，不在于我们没有拥有“所想之物”，而在于我们没有这种良性的思维，没有从良性的角度去切入生活。一旦失去这些角度，你就不快乐了，所有的痛苦 90%都来源于你是一个负性的人。

我来说个百分比，如果上帝把人的优势创造了 100 种，我们每个人最多可以拥有多少种？心理学讲一般人的天分，从统计学角度来讲只占 5%，后天学习所得部分占 95%。这 95%是要通过后天努力得到的。前面的 5%中，比如你有一双眼睛，能看东西；你有一双手，能做事情，这是天赐的部分。这些天分是上天分给你的，每个人都有。还有一些，比如，你的天分可能在数学、美术、赚钱、人际关系上，也可能在思维、文学、军事上。但你要知道，你有 95%是不如别人的，比如，有人声音比我妩媚，有人比我个子高，有人权利比我大，有人学历比我高。你只可能有 5%的方面会比别人强。比如，我在心理学方面就很有天分。我能悟到许多别人悟不到的部分，或者更早悟到。如果有人说，你的心理学好，去踢足球吧，一定也好。我去了，全国人民都会说：“中国踢得最臭的就是他。”我是自找无趣。我这一辈子有很多事情都不能干。我不能踢足球，不能搬东西，不能讲数学，不能做会计……但是，只要我找到我的 5%，我就会过得很好。想成功，想幸福，一定要对你的优势、专长了解清楚。

上天是公正的，给你 A 就不会给你 B，给你 B 就不会给你 A，不给你 A 一定给你 B，世界上每个人都有优势。你之所以现在贫穷、生活不幸福，是因为上帝给你 A，你非要 B，给你 B，你非要 A。很多人埋怨，我要是有李玟的身材，我也成歌星了，我要是有张惠妹的嗓音，我也早出名了。实际上，你压根儿就不要想有那样的身材、那样的嗓音，你肯定有自己特有的东西。我就没有她们的身材、嗓音，我该怎么做呢？我只要做好我的心理学研究工作就行了。如果李玟想做心理学研究也很麻烦，她没有我的天分。关键在于我们有没有牢固树立、并且坚信这样一个观念：你肯定有自己的优势，必须要找出来。很多人到了三四十岁还没找到自己的优势，就把对自己的期望值降下来，而要求自己的孩子在各个方面都要出色，数、理、化、体、音、美，偏偏忘了孩子的优势和天分在哪里。

有一个古老的故事。从前，有一座山，山上有一座庙，住着一个老和尚，山脚下有一个村庄，住着一个老太太，她有两个女儿。后来，女儿们都出嫁了。大女儿嫁给一个卖伞的，二女儿嫁给一个卖布鞋的。从此，老太太就非常焦虑，因为天气无非是晴天和雨天，一到雨天老太太就发愁：我二女儿的布鞋可怎么卖呀。等到天晴了，也担心：我大女儿的雨伞卖不出去了。她觉得家里天天倒霉，后来，抑郁而病。老和尚被众人请出，医治老太太。

老和尚说："施主请想，晴天你的大女儿可以卖鞋，雨天你的二女儿可以卖伞。晴天二女儿的鞋好卖，你就帮她带孩子，让她多挣钱；雨天大女儿的伞好卖，你也帮她带孩子，让她多挣钱；你家天天发财，就等着过好日子吧。"实际上，这是一个很简单的道理，但它竟然让老太太整日忧思。经过方丈的点化，老太太把两个女儿的孩子都带好，让她们安心工作，晴天联合卖鞋，雨天联合卖伞。天天赚钱，她家的第三代长大后也中了进士。

我们现在很多人还是这样。比如，快高考了，就有家长带着孩子找我。在重点中学、外语中学的学生想：我要是考不上名牌大学多丢人啊！如果不在这里还好，考不上还有借口，现在要是没考上，多少人会耻笑我呀。父母花了这么多钱，都浪费了。因此，他晴天也烦恼。而不在重点中学的想：我怎么能考上重点大学呢？很多重点中学的学生还考不上，我更不用提了，肯定

上天是公正的,给你 A 就不会给你 B,给你 B 就不会给你 A,不给你 A 一定给你 B

是最倒霉的。雨天也烦恼。如果你在重点中学,应该这么想:考上重点大学肯定没问题!我有这种自信,我上重点大学的几率是最高的。另外一部分:我在一般的中学,如果我能考上大学就证明我进步了,超越了自我,以后会挖掘出更大的潜能。

实际上,生活没有任何改变,改变的仅仅是你的心理状态。心理学的术语叫:定势。你有什么定势,将决定你未来有什么生活,决定你家族的命运。只要你愿意选择一个健康的心理定势,你将会获得财富,获得幸福。

每个人都有定势的权利,定势幸福,还是定势倒霉,在于你自己。

我们该颂扬什么？

仔细回想，我们的记忆中，眼泪已经多于欢笑，痛苦已经大于幸福。

无意间，打开电视，一个频道正好播放纪录片：在修筑大京九铁路的工棚里，电话铃响了，一位工程师戴着安全帽冲进来。“爸爸，奶奶生病了，妈妈日夜照顾奶奶，也累病了。爸爸，你快回来吧！家里需要你啊！”工程师的眼泪“唰”就下来了，却毅然咬紧牙关说：“孩子，我不能回去，工地上离不开我呀！”

我一向不提倡这种哭哭啼啼的节目，就换了个频道：一名大学生不想上学，和家人闹着要休学，母亲教育他：“你知道你的生命是谁给的吗？是你爷爷给的。”这倒有些蹊跷，我就继续往下看。“你出生那年闹饥荒，我营养跟不上，没有奶水喂你，你饿得哇哇乱哭。爷爷看了很心疼，四处打听哪里有炼乳，听说齐齐哈尔有炼乳出售，他就连夜跳上火车。到达齐齐哈尔的时候才凌晨四点，天还不亮，室外零下 30 度。他冒着寒风，在商店门口排队，一直等到早上八点开门，果然看见货架上摆着三瓶炼乳。你爷爷想全部买下来，但是身上带的钱不够，就把棉袄脱下来，终于换了三瓶炼乳，又跳上火车马不停蹄地赶回来，回来的时候整个身体都冻僵了，我们好不容易把炼乳从他怀里抽出来。可就是因为那一次，你爷爷的胳膊被冻坏了，直到现在还总是弯着，活动不方便。所以，你的生命是你爷爷给的。"母亲说完早已泪流满面。男孩子站起来，说："妈，我去上学，你放心，以后我一定好好学习！"我这才明白，原来是这么回事。

我们总是用眼泪、用诋毁美好、毁灭健康、牺牲生命这些痛苦的方法来打动人、教育人。这种方法确确实实很有效，因为假如一个人到了"亡命之徒"的时候，到了毁灭人性的时候，悲剧就会给他强烈的震撼，产生巨大的力量，但是，由此付出的代价也会很大。如果这个孙子也像他的爷爷学习，每次碰到什么困难都以损害健康、毁灭生命为代价，那就会造成惨重的后果。而且，这个孩子回到学校里，如果今晚举行舞会，第二天去登山，或者是和女同学约会，他可能就不敢去了，因为他背负着沉重的感情债务，"原来我的生命是爷爷给的，他的胳膊因我被冻坏"，当他想快乐、想休闲、想满足自己需要的时候，就会觉得自己不应该这样，他的生命就比别人失掉了许许多多快乐和光彩。

《大河报》曾经刊登过一位三十多岁的女职员写的文章——《谁能让我快乐起来?》。她说："我多少年来都没有办法快乐，因为我在四岁的时候掉进河里，被一位解放军战士救了起来，他却因此牺牲了。从那以后，我牢记：自己的生命是另一个人用他的生命换来的，到现在为止，我不敢笑，不敢快乐。什么事能让我快乐？谁能让我快乐起来?"

悲剧确实很感人，但难以让人生活幸福，只能让人远离快乐。现在，社会上正在大力倡导的很多典范事例都是这样一种悲剧思维。现实中，太多的人用悲剧的思想来解决问题、维系生活。

有篇文章讲述的是一位交警同志：这一天，他怀孕的妻子即将生产，正常人在孩子出生这一天无论如何都要守在妻子身边，等待新生命的降生。但今天轮到他值班，他隐瞒了实情，仍然按时值班，这也算说得过去。毕竟，有些人觉悟高，舍小家为大家。可是，他太太生的是双胞胎，值班时，家人打传呼告诉他"太太难产"，让他赶快回去。他就应该回去为妻子的手术签字。

可他没有去，因为班还没有上完。这就有些不可理解，生孩子一个人一生不就一次，妻子难产，什么东西才最重要?！一会儿，电话又打来，手术已经做了，但是妻子产后大出血。当太太的生命处在危险之中时，他还是选择不回去。队长问他："有什么事情吗？这么多传呼、电话。"他不愿说出真相，继续值班。下班后他去了医院，但妻子因难产出血过多，没过多久就死了。

实际上，这个男人已经有心理障碍了，在最重大、最危急的时刻，在自己最亲最爱的人需要他照顾的时候，他不出面，他的解释是：郑州的交通需要我。这种思维已经超出了正常思维的范围，只有有心理障碍的人才会这么想、这么做。可就是这样一个人，他的做法被当地报纸头版头条刊登，他被单位称为"爱岗敬业的好警察"，还有很多领导、群众去看望、慰问他。后续报道是：孩子还不满月，妈妈刚离开人世，他又坚持回到工作岗位。试想：孩子谁管？孩子重要，妻子重要，生命重要，还是交通重要？这种抱有极端悲剧倾向的人是做不好工作的，他们只是一种自我标榜的行为。

我在课堂上反复推荐一些健康、有良知的人，他们的文化应该在中国逐渐壮大，让他们的思想成为生活的主流。比如，著名作家刘心武写过一篇散文——《风中黄叶树》。

> 罗曼罗兰的一句话："累累的创伤，是生命给予我们最好的东西，因为在每个创伤上面，都标志着前进的一步。"这话自然是好话，可以作为座右铭。但，那种"只有历尽人生坎坷的作家，才能写出优秀作品"的说法，显然是片面的。过度的坎坷，只能扼杀创作灵感，压抑甚至消除创作欲望。

他这段话就是讲：不要颂扬逆境，颂扬坎坷，颂扬磨难，颂扬含冤，那样激励不了逆境中、坎坷中、磨难中和被冤屈、被损害的人，要做的只应是帮助逆境中的人走出逆境，只应是尽量减少社会给予人生的坎坷，只应是消除不公正给予人的磨难，只应是尽快为含冤者申冤。

刘心武的思维就是一种拒绝悲剧、悦纳喜剧的思维。现在，有些人故意给别人造成一些坎坷、磨难，反而说是历练这个人。很多单位故意让职员工作困难再多一些，不是创造条件让他们工作得更好、更出色，而是给他们最苛刻的条件，以此证明锻炼他是为了他的成长。

我们该颂扬什么？

平时，老师让学生们背的都是："天将降大任于斯人也，必先苦其心志，劳其筋骨，饿其体肤……"每次我提起第一句——天将降大任于斯人也，同学们能一口气把全段背完，每届都是如此。说明中国人教育孩子就是要使其进入痛苦、磨难之中，好像只有这样，才能锻炼他们。

实际上，最根本的避免磨难的方法就是不去颂扬它们。我们避不开的磨难已经够多了，不能再人为地去创造痛苦。要清除悲剧性思维，凡是麻烦、痛苦、落后、愚昧的东西都避开，那么，90%的痛苦都会远离我们，剩下10%避不开的我们才去承受它们。

避不开的麻烦怎么办呢？按照喜剧性思维，应该用"万事皆好"的方法来处理。将挫折、麻烦转化为有利因素，不去扩大化。很多中国人的悲剧思维方式已经成为习惯，改变起来并不容易，至少要花费三个月的时间。但只有从现在开始尝试改变，我们才能生活得更好，我们的民族才能更强大。

幸福婚姻,首选个性 

曾经,有个女孩子问我这样一个问题:“只因为感激,只因为他脾气好、对我宽容,就和一个自己不爱的人在一起,而放弃自己真心喜欢的人。这还算是真爱吗?这样的婚姻会幸福吗?”

答案其实很简单。1999年,美国在夏威夷大学的留学生中做了一个择偶意向调查,共调查不同性别、年龄、国籍的学生97人,有来自中国大陆、香港、台湾、南朝鲜、印度尼西亚、泰国、日本、尼泊尔、哥伦比亚、阿根廷、法国、英国、加拿大和美国等国家和地区的同学,年龄从18岁到43岁,项目涵盖11项:教育、爱情、职业、相貌、个性、才能、年龄、宗教信仰、民族和国籍。在世界范围内,他们会选择哪一项呢?

调查的结果是出人意料的。中国大陆的女孩子中,很多人选择了爱情。但如果跑到美国夏威夷,他们选择的是personality,是个性。一个被访问的美国男青年这样说:“个性在某种程度上决定了一个人的一生,一个人的个性可以使他(她)成为杰出的政治家,优秀的、称职的父母或最佳的伴侣。在漫漫的人生长路中,个性是家庭幸福和事业成功不可或缺的因素。在每一个成功者的背后,都有一个优秀的妻子(或丈夫)。”

因此,人的个性比其他任何东西都重要,如果伴侣之间的个性不协调,生活在一起就很困难。

幸福婚姻，首选个性

比如一个可爱的女子，爱上她的人，有没有可能是绅士？一定会有吧！但有没有可能是土匪？有没有可能是一个很粗野的人？有没有可能是个很小心眼的人？都有可能。那么，如果你首选“爱情”的话，你就可能成土匪的妻子，也可能变得莽撞，或是胆小如鼠。如果你想生活幸福，你只能选择个性良好的男子。因为全世界的人都知道，选丈夫要首选个性。个性良好的人不会做出伤害你的事情，只会和你一起走向幸福。

这里有一个全国好女人的典范，让我们看到良好的个性胜过一切美德：

故事发生在2000年，北京。有一个家庭，丈夫一米八，长得很帅；妻子贤惠温柔；女儿叫晶晶，漂亮懂事，一家人过得和谐、幸福。但是，平静的生活出现了一个问题：男人在外面有了个女人，叫小红。

一般男人在外面有了“小红”，回到家里是想方设法隐瞒，会尊重自己的家庭，悄悄处理掉。这个男人很特别，他喜欢喝酒，每天回到家，太太把饭做好，端上美酒，吃完饭、喝完酒，他就在家里喊小红的名字，过分得很。

44 岁那年，对于一个男人来讲，正是年富力强的时候，而这个男人脑溢血中风了，瘫痪在床上。到北京的各个大医院进行治疗，很多名医都找过了，最后得出一个结论：这个人没办法治，什么药物、方法都没用，现在意识丧失，等于是植物人。

我给很多太太、很多女孩子都讲过这个故事，讲到这里，几乎所有人都认为他是罪有应得，是上天给他的惩罚。假如一个女人的丈夫卧病在床，脑溢血，连意识都没有了，而太太在旁边说："活该，活该！让你还去花！"那么，这个世界会怎么样呢？女人天性中的温柔就丢失掉了。

就算这个男人有错，可他罪不致死。这个太太呢？她从来没有这种感觉。当大家都认为她的丈夫没有救的时候，唯独她没有放弃！她的公公、婆婆放弃了，单位放弃了，战友放弃了，所有人都放弃了，她却细心照顾，认真观察。最后，她发现丈夫有一个非常细微的情节！这么微小的举动，只有一个好太太才能发现。当一个太太在旁边幸灾乐祸的时候，她肯定发现不了！她发现公公婆婆来了，他没反应；单位领导来，他没反应；战友们来了，他没反应；所有人来了都没反应，唯独他的女儿晶晶来的时候，他的眼睛会动！有些太太看了会想：男人就是没良心，我天天在这儿伺候他，端屎端尿，他一动不动，但闺女来了，马上就有反应。这世界太不公平！

而这位太太产生了一个非常奇异的念头！她发现自己的丈夫并没有完全失去意识，不是像医生们所说的"完了"。在他的内心深处，还有一丝真情尚存！否则，他对女儿也不会有反应。根据这个现象，她做出了一个让很多人都难以理解的举动。

她就把丈夫的通讯录翻出来，找到小红的电话号码，第一次给她打电话。

"喂，请问是小红吗？"

“哦,是我,请问你是哪位啊?”

“我是张先生的太太。”

“啊,张先生的太太,啊,打错了,打错了!”

嘟——电话那头挂断的声音。

张太太又打过去:

“是小红吗?我知道是你。我把我丈夫现在的情况告诉你……你愿不愿意来一趟。”

小红听说后,很震惊。——我愿意去啊!但是我去了以后,会不会把他刺激得更坏呢?

“现在都已经大小便失禁,瘫在床上,什么都不知道了,你还能把他刺激到什么程度?”

两个人就在病房外面第一次见面,这个太太请她进去,男人看见小红推门进来,“腾”就坐起来了!从此以后,他的意识彻底恢复,病好了。当天晚上,她的公公、婆婆知道奇迹发生,简直要给自己的媳妇跪下来!他们说:“我们哪儿积的德,找到这么好的儿媳妇!”

这位太太说:“当时我唯一的想法就是要救活他,可以动用一切方法,只要能让我的丈夫恢复自理能力!我看过很多电视剧,还有一些调查数据,说中国家庭的离婚率高,特别是一些发展较快的城市。我想,人首先应该是与人为善的,应该相信人都是有良知的,我先这么做了,就挽救了我的丈夫。我们家现在比过去过得好,丈夫已经康复了,还能开车,现在正开着车送我女儿上学呢!”

有人问她:“你就不怕救活以后,他们两个旧情复燃?”

小红请人传话说:“我还有什么脸面再去结识她丈夫,这个女人这么伟大,在她的面前,我任何事情都做不出来,我再也不会……。”

丈夫想:我到哪儿去找对我这么一心一意、爱我、宽容我的好媳妇!从此,他就像换了一个人,对家庭很负责任!

老子讲:“世间人只知道有为是有为,不知无为乃是大为!”

不要去怨恨别人,不要去攻击别人,尤其是你的亲人!当亲人被指责、被攻击的时候,你唯一要做的就是不要再去伤害他们,不要增加他们的痛苦。每个人都这么想的时候,不就没有伤害了吗?

心理学上有一个心理测量表——SCL-90:测量人在碰到事件的时候如何反应,通过你的反应测出你的9项因子,为你做一个综合评定。比如,面对这个事件,如果你说“活该,该死”,从心理学角度讲,你就是人格上攻击性偏高。社会中很多麻烦、灾难,实际是由人格攻击性偏高引起的。

我们不能做有罪的推论,比如,我在很多地方做心理讲座的时候,问:听到“男人”,你的第一反应是什么?许多女性答:坏!男人没有一个好东西!这已经成为一种惯性!因为很多母亲从小就教训自己的女儿:不要依靠男人啊!男人都是不可靠的!还有一些母亲更恶劣:男人千万不能相信!他们都是坏人,我对你爸这么好,他还是在外面……只有靠自己,妈妈才是最可靠的,你爸爸就不是好人!

你见过孔雀吗?从前面看,孔雀美丽、漂亮、五彩斑斓。但是,孔雀一开屏,后面露出的是什么?它的屁股,脏脏的,还有……恶心不恶心?男人和孔雀一样也有后面,我们不能否认这一条。但心理学有一条原则指导大家:评价事物不能以这个事件的“真”与否为标准,而是以“成”与否来评价。“成”就是成功的成!你是让女儿将来结婚之后,高高兴兴地生活,有个幸福的家庭呢?还是想害她?如果害她,这句话并不假,男人的的确确有坏的部分。但首先做有罪的推论,然后学习如何去防范他,日子怎么能过得好?

应该说:真正的男人都是有责任感的,只要你对他好,他都会对你负责任。如果一个女人用这种方式去理解男人,他会被你感动,给你幸福。

天雨虽宽，不润无根之木。佛门虽广，不度无缘之人。有了原则，做不做就是个人的事情了。不管你现在碰到多少困难，先把自己变成一个纯洁的、自然的、有心的人，就会有很多问题迎刃而解。

女孩子们，要想追求幸福，就把"爱"，所谓的爱放在第二位，把一个人的个性放在第一位！

“白马王子”之小康版——灰驴主子 40

所有的男孩子都渴望得到女孩子的爱慕,如何吸引 16 个女子主动上门呢? 心理学从人自然本性的角度找到了答案。

如果让天底下所有的女孩子放开心思来想: 春天来了,阳光明媚,你穿着一席白纱裙,坐在百花盛开的花园里,托着一本爱情小说,细细品读。这时候,你希望一个什么样的男人走到你面前呢? ——帅、威猛、有型。用童话般的思维来描述,就

全天下的女孩子都喜欢的
男人类型——白马王子

是——白马王子。

“白”代表干净。美国人做过一项调查，他们给出男人的70项素质，让女人按照重要程度去调选，排在首位的是干净。女人选择男人，第一印象很重要，混乱、邋遢、肮脏的男人将最早被拒之门外。许多男人有才、有学历、也有钱，就是不干净，他们一辈子找不到意中人，却不知道原因何在。我国修小浪底水库的时候，许多外国设计师来到中国，从机场出来都提着一个大箱子，里面就装着几十件白衬衣。他们习惯每天换衬衣，保证自己干净，因为绅士一定要干净，这是男人必备的素质。

“子”——在中国古代有“子曰”、“孔子”、“老子”、“孟子”，子即有学问，但排在最后一位。

处于中间核心位置的是“马”与“王”。少女们自以为很清纯、很浪漫，实际上，我们的女性非常有智慧，也很现实。“马”代表着钱与风度，骑马的人必定是有钱人；骑，带来动感、潇洒的状态。“王”代表地位与优势，一个男人必须有所成就，有优于他人的地方，能在社会上站得住脚，博得女孩子的认可。

“白马王子”就是指男人干净、有钱、有地位，再有一点点学问就可以了。

所有的男人要想得到心仪的女子，有个幸福的家庭、有良好的生活质量，必须把自己的“白马王子状态”调整出来。要给自己准备一定的财力，为自己赢得一定的地位，如果没钱又没地位，那么，你在女孩子心中的形象就会有很大残缺。这样听起来，好像女人们都很爱钱、很功利，但这是连动物都有的自然属性。

一只雄鸟向一只雌鸟求爱，第一次给它送什么？——虫子。雄鸟会衔着虫子带给雌鸟，以此表明它的生存能力强。然后，它领着雌鸟到它的巢里，看！我的巢多舒适、多干净！这些常识鸟都知道，更何况是人呢？如果你连基本的生存能力都不具备，其他的就不用再谈了。以前，我们对女孩子喜欢有钱、有地位的男人存有偏见，实际上，女人爱财是完全正确和必要的。从这些年调查的离婚原因来看，个性不良的占第一位，第二位就是经济因素。女人对男人说：你要有钱、有房子！这有什么庸俗呢？我们首先要尊重财富，靠近财富，才有可能赢得财富。先来看看男人没钱会有什么后果。

某报曾经刊登过一篇文章——《妻子红杏出墙》，故事是这样的：

3年前的一天，妻子破例把她的一位顶头上司带进家来，介绍给我认识，说他的顶头上司路子宽，很会做生意，要我也“下海”与他合伙做生意。当时，我没有感觉到什么，还很有些为妻子的“周到”安排而心存感激。但渐渐我发现，妻子每晚回来都不像以前那样准时了，问她，都说是帮我联系生意。

后来，从各方面捕捉的信息表明，妻子的感情“重心”已经开始转移到她的顶头上司身上，而且很可能越过一般朋友的界限。我决定先找妻子谈谈。

出乎意料的是，妻子竟然承认了这件事。

青梅竹马、自由恋爱、结婚8年的妻子终于背叛感情投入另一个男人的怀抱，可我这个做丈夫的在这种情形下还不得不原谅她！我不能轻率冲动地解散这个家庭：因为这对于可爱的儿子来讲无疑会带来更大的心灵创伤。

妻子背叛我的理由是：结婚8年，我没有给她宽敞的房子，没给她更多的票子，没给她官太太身份，而她工资比我高一倍，给我生了儿子，住着她单位的单身宿舍。我就像武大郎：没财，没权，没貌，我只有感情、真诚和像许多男人都有的一些坏毛病：抽烟、喝酒。

家庭还在、感情已淡，我会冲着房子、票子、位子而努力，就算有一天这些都有了，妻子的欲望又会升到哪个层次去？我是重感情的人，可情又为何物？

这个故事很符合心理学的标准，也很符合我的观点：一个真正懂感情的男人往往是不谈感情的。这个男人经常说:“我没钱、没貌、没权、没地位,什么都没有,但我有感情。”实际上,当一个男人老谈感情的时候,就是他什么都没有的时候。如果男人真的爱他的女人,根本不用说,过一段时间房子大了,再过一年车子有了,时装、鲜花、钻戒、化妆品……都来了。他为什么不给别人,给了你?就证明他爱你,没有什么好说的。假如一个男人天天说“我爱你,我真诚,我有感情”,但什么都不给你,你能相信吗!当一个男人总谈感情,可能就缺乏生存能力,女人决不应该嫁给那些奢谈感情,却带不来幸福的人。

没钱的男人讲完了,再从女性的角度谈谈女人为什么爱财,为什么必须爱财!有篇文章写的很深刻——英国人乔·古德温·帕克的《贫穷是什么?》。

你问我什么是贫穷?

我就站在你面前——污浊不堪,衣衫褴褛。请君为我侧耳听,请带着设身处地的理解而不是怜悯来听。

贫穷是一种挥之不去的味道:尿味、酸味和霉味。

贫穷就是肮脏。

贫穷就是夜夜缝补浆洗。

贫穷就是哀告求助。

贫穷是一种酸性物资,它能一点点地腐蚀人的自尊,使其荡然无存。

贫穷就是前途黑暗。令郎不会与犬子同嬉戏,犬子只能与偷儿为伴,我可以想像出儿子们站在监狱栏杆后面的样子,也许他们会用酒精和大麻来寻求解脱,而结果会发现反受其累。

我还记得母亲让我休学干活养家,我干干停停,没有足够的时间学得一门手艺。我还记得被迫早嫁,和丈夫在另一个小镇曾有过一幢带热水以及其他设施的房子。后来,丈夫失业了,我们所有的好东西都已典卖一空,只得迁居此地。当时,我身怀六甲,家里一文不名,丈夫做零工苦撑日月。我不知道我们是怎样带着3个孩子熬过那3个年头的。后来，我亲手毁了这桩婚姻，还能继续在这种肮脏的环境中生儿育女吗？任何节育措施都是一大笔开销。我只盼他能爬出这种困境，但如果有我们拖累，那将永远不可能。

——这是一个女人的内心表白，大家很清楚：一个女人跟着这样的男人根本没有前途，假如自己也就算了，还有三个孩子！孩子没有受教育的权利，甚至吃不饱、穿不暖。她怎么能再跟着这个男人呢？

母爱是非常伟大的，不为自己，也要为孩子、为下一代着想。实际上，女人也有良知，大部分女人在男人有一定财路的情况下，不会放弃家庭，除非男人做的太过分、终究没有希望的时候，她们才会选择离开。在90%的情况下，女人选择红杏出墙、选择金钱，责任在男人，是因为男人不够成功。

我经常告诉大学生：一个男人可以不会踢足球，不会打篮球，不会拉提琴，不会跳舞，不会写诗，你什么都可以不会，唯独有一条你不能不会，你必须得会挣钱。

讲完以后，有些男生就不让他的女朋友去听我的课，因为他们害怕。有些男孩子说："老师，我这个人喜欢写诗、弹琴、打篮球，我什么都喜欢，唯独不知道该怎么挣钱。我想成为作家，您看行吗？"作家梁晓声，有一年到郑州讲课，很多大学生也这样问他，梁晓声说："不要先成为作家，要先成为富人，先能养活你的老婆、孩子，再说成为什么家。"真正的知识分子都强调——生存是第一位的。

世界伟大的心理学家马斯洛提出了需要层次论：把人类的需求分成生理、安全、社交、尊重和自我实现五层，依次由较低层次到较高层次逐步实现。后几层可以讨论，前三层是不能含糊的，第一层就是生理上的衣、食、住、行、性，如果你连衣、食、住、行都保证不了，下面的事业、尊严、爱就更谈不上了。有一年，我在电台做节目，休息中插入一则征婚广告：某女，今年30岁，天生丽质，因感情因素离异，带一子，欲觅40岁左右的男子为伴，如果有房子、条件好者，可以放宽到60岁。可能有些人会觉得她很过分、很爱财，但仔细分析，这个女子过去可能受到过伤害，她现在的选择比较客观、比较理智了。她觉得年龄、相貌都不是最主要的，重要的是生存。她离异带着孩子，如果生活条件不好，孩子怎么办？所以，我告诉所有的男孩子：当你爱上一个人，唯独要做的就是让你们这棵爱情之树拥有富裕的“沃土”，让它可以开花、结果。

有些女孩子说：“我不会嫌弃你，只要我们相亲相爱，我一定好好跟着你，没钱也没关系。”男人如果误听这些甜言蜜语，工作上不一心一意，丢失了进取心，5年、10年以后，她红杏出墙、或者不爱你了。你问她：“当时你不是说没钱没关系，只要我们有感情?”女人们会怎么说呢？——“娘们儿的话你也相信!”

前面虽然讲到“白马王子”，但现在的情况是，要想让中国的男人每天都换白衬衣、每天都干洗是不现实的。买一件金利来衬衣三、四百元，干洗一次最少6元，很多人没有这个经济条件。“白”，现阶段太难做到。“马”也很困难，二十几岁的男孩子，开着奔驰、宝马汽车去谈恋爱不大可能。“王”呢？大家都成王、成老板、成处长也不现实。“子”呢？倒是很多人都有了，高中毕业、大专毕业、本科毕业，基本上都具备了。所以，根据社会主义初级阶段小康社会的情况，应该来个小康版的“白马王子”。因为过高的目标男人会达不到，女人心里也不平衡，不能给男人太大的压力。我们怎样有一个不浮躁的、踏实的小康版呢?

“白”，可以换成“灰”，现在有一种流行的说法叫做高级灰，白是贵族的色彩，灰是小资的颜色。灰颜色就可以。“马”——汽车没有，但有个电动车、摩托车还是可以的，群众习惯把摩托车叫电驴子，所以，“马”先换成“驴”。“王”？都当老板，希望可能不大，当个主管、部门经理也行，在某些方面有特长，变成一个专家,以“主”先代“王”。“子”可以不变。

因此,我隆重推出一个“白马王子”的小康版——“灰驴主子”(高级灰、电驴子、主管、一定的学问)。这是现实的、可以追求到的标准,好男人必须要达到这个目标。

换一种眼光看世界

十几年前，我们大力宣传党的好孩子——赖宁，全国上下掀起热潮，学习他不顾个人安危、勇扑山火的英雄事迹。但1996年6月1日人民日报刊登一篇文章《少小无端爱令名》，意思是：怎么这么小的孩子都追求出名？这篇评论揭开了大江南北否定赖宁的序幕，从此，各省各市开始宣布不再学习赖宁，不再鼓励儿童抢险救灾，少先队员不能像以前那样到街头擦围栏。

事情的始末皆因一位国际友人给我们写了一封信：你们宣传赖宁救火的先进事迹，可是，我不明白，赖宁才12岁，12岁的孩子还没有成年，你们国家的《妇女儿童保护法》规定妇女儿童不能参加抢险救灾，遇到险情他们应该是最早被救助的对象，怎么能让这么小的孩子去抢险救灾呢？这不是违背了国家的法律吗？赖宁有违法行为，你们却到处宣传，这不是更违法吗？

这是一个价值观的选择问题，是树木重要，还是生命重要？生命肯定比树木重要得多！“选择”是为了让生活提高质量，让生命得到更好的珍惜和保护。而我们宣传的时候没有想到这一点。许多人崇尚以生命为代价来工作、来保护财产，这其实是一种悲剧性的思维。我们可以置法律于不顾，置生命于不顾，置人性于不顾。若社会大力宣传这种思维，很多人会牺牲自己的健康，毁灭别人的健康；牺牲自己的家庭，毁灭别人的家庭；牺牲自己的生命，毁灭别人的生命。如果一个民族这样做，他将永远找不到幸福的道路。

拒绝学赖宁：树木重要，还是生命重要？

可能大家听了这些很震惊，平时我们敬仰、学习的楷模怎么一下子变成了“违法之徒”，接受不了。

前些天，很多学校的校园里都举办了一场名为《俺爹俺娘》的全国大学生图片巡展，摄影记者焦波花了二十余年的时间拍摄他的父母。大山、村庄、农舍……这就是焦波的家，山东淄博山区一个叫做天津湾的地方，爹娘在那座略显破落的农家小院里生活了一辈子。众多幅照片无非是要告诉人们：在那种贫穷、落后、匮乏的状态下，夫妻二人的关系多么好。无非告诉大家：农民的生活多么不易。也提醒大学生：要好好学习，报答父母。

几乎所有人都被深深感动了，可换一种眼光来看，这又何必呢？你用了10年时间来拍摄这些照片，摄影技术是不错，可花了这么多的钱，费了这么多精力，为什么不把父母的生活伺候好？父亲的腿瘦的像麻秆儿一样，为什么不把拍照片的钱给父母买些好吃的，让他们增加营养？暴露父母这种贫瘠的生活状态干什么？你给父母装个太阳能热水器，让他们能经常洗澡，不要天天在那儿互相挠痒痒，以此证明夫妻恩爱。非要把那些丑陋、肮脏、愚昧的东西展现出来，努力证明他们爱得深，感情好，这完全没有必要！

我一直提倡：不要歌颂母亲夜夜缝补浆洗，不要歌颂她们红肿的双手、满脸的皱纹，不要歌颂那些毁灭母亲、让母亲痛苦的事情，应该让她们生活幸福，让中国所有的母亲都鲜亮起来、漂亮起来。这才是儿女们应该做的事情，这才是喜剧性的思维。

换一种眼光看世界，你会看到一个不一样的世界。因为判断一件事情关键在于你的评价体系。

1999年，被评为“全国十大杰出女性”第一名的是广州白云机场的一位女职员，她结婚二十年来一直与丈夫分居，生下孩子8年不养，送到老家的农村山区。孩子8岁时，她去接孩子，孩子就是不叫她妈妈。在火车上，她坐在车座的外面拦住孩子不让他出去，甚至不让他上厕所，逼着他喊妈妈，后来孩子忍不住了，才喊了她一声“妈”，母子二人抱头痛哭……乍一看，有亲情、有泪水，是挺感人。但孩子最需要的是母亲，白云机场最需要的未必是母亲。假如为了工作要牺牲丈夫、牺牲孩子，假如所有的人都这么做，我们这个民族家家户户都会生活悲惨。党的十六大提出：要让人民群众过上幸福美满的生活。这些所谓“伟大感人”的事迹都违背了十六大的宗旨。

特别是有一年，全国总工会评选“全国十佳优秀教师”，其中一个候选人是没有四肢的残疾人，每次上课都被别人放在讲桌上，用嘴咬着笔写字，整日看着这样的老师是对学生心灵多么大的毒害呀！我们反而把这个人当作劳模评选对象。这样的人当老师、这样的人被评为先进对象，是对人性极端地忽视，让孩子的心灵处于一种扭曲的悲惨状态。

许多人就以这种最悲惨、最极端的生活来感动别人，来谋取某种胜利，越自虐、越悲惨，似乎越能成为楷模。可以说，这种文化是没有前途、没有希望的，应该立即被抛弃。

在日本，媒体是不准宣传残疾人形象的，政府明文规定：残疾人禁止上电视。既然你已经残疾了，还宣传你做什么？我们国家实际上也有规定：残疾人是不能当老师的。在美国，政府也好，企业也好，都会在年终时节奖励这一年来既身体健康、又做出成绩的员工。中国领导却每逢年节去看望医院里的病号，对于健康者没什么表示。中国人往往更注重“感人事迹”的宣传效应，好像这能带来某种激发民族潜力的精神。余世维讲过：“多少时间才能沉积一点点历史，多少历史才能沉积一点点传统，多少传统才能沉积一点点文化，多少文化才能沉积一点点习惯。”我们已经习惯这样悲剧性的思维方式，习惯用悲情的眼光分析事物。但是，事情总要有人开头，总要有人去做，所以，从我们这里可以试着开始，换一种模式思考。

实际上，生活中90％以上悲剧都是人为的悲剧，并不是注定要发生的。

举个例子，孟加拉有一次七级地震，一下死了30万人。同样，在美国西雅图也有一次同级地震，没有死一个人，只倒塌了一根门柱；当时比尔·盖茨正在演讲，整座楼都在晃荡，但是没有倒。因为美国人把工程做得很精良，他们提前做了预防，而不是等到悲剧发生了再大肆渲染，号称自己“齐心协力、同舟共济”。

为什么大自然要给人地震？就是要把人类把工程做好，不能出现豆腐渣工程。同样的震级，因为西雅图的建筑都作了防震准备，他们水泥钢筋的工程质量都能达标，地震来了也不怕。所以，你的思维方式改变，你的行为方式改变，就不用再去指责大自然。世界上很多东西不是天灾，是人祸。

埋怨洪水来了、地震来了，因为你把树木都砍掉，河道也堵塞了，大自然当然惩罚你。发达国家的很多东西都梳理好了，比如加拿大、新西兰、欧洲、美国，他们的自然灾害就少。引以为戒，只要我们不去这么想，就不会这样做，不这么做，就不会发生这样的结果，我们的灾难就会减少。

也就是说，赖宁先保护好自己，不被灌输些“争抢出名”的道理，可能就不会因抢救国家财产而丧生。焦波不去记录痛苦，去揭露在痛苦中生活的人，而是切切实实关心照顾父母，可能他们会生活得更幸福。宁肯让白云机场的那名女职工放假回家，让她陪陪孩子，而不是生下孩子就去工作；宁肯给她婚假让他去陪丈夫，而不能让他们 20 年来分居。没有四肢的人就不应该当老师，他完全可以自食其力做别的工作，为什么非要让他的身影影响下一代儿童的心灵？

平日里，让我们感动的点点滴滴大多是戕害人们心灵的毒药，早些丢弃这些没落的思维、文化，换一种与世界同步的先进眼光来生活，或许，对我们的民族是一种超脱。

女大学生怎能不会游泳？ 42

众所周知，“见义勇为”是中华民族的传统美德，历来备受推崇。近日，又有媒体报道：一位研究生为救七旬老汉的性命，不幸身亡。

“这到底值不值得？”有一学生发问。

有心理学专家认为：“见义勇为”其实是人的本性的体现。人的本性中有一种潜意识的利他精神，当看到同类遇到紧急状况需要帮助时，一般人都会毫不犹豫地伸出援手。这时，他根本就不会去考虑若提供援助，对他会不会有损失，甚至造成人身伤害。但，也并非所有的人在危难时刻都会给予别人帮助，如果遭遇此类事情的人本身比较胆小，在关键时刻稍微思考了一下，那就会大大降低他救人的信心。

“见义勇为”牵扯到很多人生的意义与价值，这不禁使我想到另外一个相似的问题，让我们看看，在危难时刻，人究竟应不应该见义勇为？

有一天，你的妻子和母亲同时落水了，你会先搭救谁？这是一个两难的问题，中国人大多选择先救母亲，因为我们是礼仪之邦，孝道为先；换作美国人则更多选择先救妻子，因为他们讲究实用，比较理性。

有位同学还借此讲了一个网络上的笑话：

当自己的老妈和老婆同时落水时，古人是这样做的。

孟子：从小死了老爸，老妈拉扯我不容易，为了让我健康成长，又搬了三次家，给我吃好的、穿好的为的就是让我有出息。老妈和老婆落水当然先救老妈了，“万恶淫为首，百善孝为先”嘛！老婆死了我可以再找一个，老妈死了可不能再找一个，再找一个那就是后妈了。听说后妈没几个好的。“世上只有妈妈好，没妈的孩子像根草。老妈，我来救你了。”扑通一声，孟子跳下了水。

周幽王：老婆和老妈落水了当然得先救老婆了。想当年，为了逗亲爱的褒姒笑一笑，连江山都不要了，连自己的小命都不要了，何况是老妈呢？再说这死老太婆在立太子的时候老是偏向俺弟弟，害得俺差点没当成太子。“情深深雨蒙蒙，我对你的爱很深，褒姒我来救你了。”周幽王扑通一声，跳进水中。

王勃：手心手背都是肉，老婆是自己最爱的人，老妈是自己最亲的人，怎么办呢？不管它，先跳下去，看看离谁最近就先救谁吧。王勃扑通一声跳了下去。“不好，我忘了自己不会游泳。”王勃咕噜噜地喝了几口水，也慢慢地沉了下去。一代才子王勃就是溺水而死的。

笑话归笑话，真的问及大家，有女朋友在场的答“先救女友”，没有女朋友的选择先救老母，许多聪明些的人选择先救身边最近的那个。

其实，选择哪一个都不妥，还夹杂着道德观的问题，又是一场悲剧！你们已经习惯了悲剧性的思维方式。所以，这样的问题，再问10年、20年……都不会有人答出正确的答案，因为你们都是无能之辈、无能之人，无能之人只能干无能之事。你今天这样回答，同样的事情一旦发生了，你必然做出这样的选择，继续这样的悲剧。

我的提倡：妻子就应该会游泳。

妈妈是老人，精力和体力会有些影响，但是，作为中年人、壮年人、作为青年人，我们不是被救助的对象，当你所爱的人碰到困难的时候，你应该首先站出来，因为：爱是准备、爱是支持，爱，不是累赘。

大学四年，难道让你们白上了吗？学校开设了游泳课，难道你在水中还需要别人的救助吗？妻子就应该会游泳，就应该事先做好准备，到时候小两口一起去救母亲。等三人一起上了岸，丈夫说："妈，您看看俺媳妇儿，咋样？比我游得还快！要不，您坐岸边歇会儿看，我们再比试一回？"原本多么轻松、快乐的人生啊！为什么非要弄得凄凄惨惨、不堪入目。不要追求这样的悲壮、感人！

快乐才是人生的本质，和谐之中一切皆有可能。

在座的女孩子都会游泳吗？可能大多数还不会吧！学校里的游泳池就是让你们学游泳的——压根儿会游泳，就不存在这样的问题。心中带着悲剧的色彩，女孩子便总爱问："要是有一天，我和你妈同时落水了，你先救谁啊？"你事先就做好了被人救的准备，准备好了要制造悲剧！

以后，你们应该这样想：要是咱妈掉水里了，咱俩谁先跳下去救呢？

当然，在水里要会游泳；在生活中更要懂得"自救"——要彻底扫荡这种悲剧情结。大学里，学会各种技能，在任何时

在水里要会游泳；在生活中更要懂得
"自救"——彻底扫荡悲剧情结

候都应对自如，就少在社会上丢脸。女孩子们，要学会跳舞、唱歌、游泳、球类……生活、工作中都用得着。这才是一个合格的大学生。学会游泳，我的课才算过关！

回到前面的问题——见义勇为到底应不应该？压根儿就不要问这样的问题，每个人自己先过好，社会就发达、安定了，哪里还需要“见义勇为”！

中国没有“爱情”，只有“爱”

每当讲到爱情，大学生们总是兴致勃勃，群情激昂。

二十多岁的年龄还处在青春后期，夜深人静，宿舍熄灯以后，躺在床上，考虑最多的恐怕就是爱情了！俗话说：男怕入错行，女怕嫁错郎。干得好不如嫁得好。即使你品学兼优、能力出众，但如果嫁了个土匪，你的一切就都完了。

那么，谁来先给“爱情”下一个定义？可能有人首先想到责任、理解，有人说爱情是男女之间产生的一种相互爱慕的感情。

目前，全国许多心理学教材中使用的“爱情”的定义还是罗国杰老先生（曾任中国人民大学哲学系教授）几十年前提出的：爱情是一对男女基于一定的客观物质基础和共同的生活理想，在各自内心形成的最真挚的仰慕，并渴望对方成为自己终身伴侣的最强烈的感情。这个定义究竟合不合适呢？首先，“一对男女”，不是一对一的行不行？电影中的三角恋算不算爱情呢？谁规定一个人一辈子只能爱一个人？“基于一定的客观物质基础”，是不是所有人都只能选择有钱、有地位的人？“共同的生活理想”，不同信仰之间能不能有爱情？中国人能不能嫁给美国人？“在各自内心形成的最真挚的仰慕”，女人仰慕男人还好，换作男人仰慕女人，男子汉的伟岸气概何在？“并渴望对方成为自己终身伴侣的最强烈的感情”，渴望成为伴侣，一定是在婚前，难道结婚后就没有爱情了？所以说，这个定义早就过时了。

新的高校教学大纲对爱情定义是：爱情是情爱与性爱的结合，爱情的核心是责任。卡耐基夫人在《写给女人》一书中写道：爱情的基础是性，但决不仅仅是性。有一年，我上完课，一位退休的老教授走过来，说：“周老师啊，你讲的很多观点我都很赞同，但你怎么能在课堂上公然讲‘性’呢？”我说：“不是我要讲啊，大纲上就是这么规定的。”拿来教学大纲让老人家一看，老教授摆着手说：“我不管啦，理解不了。”

但事实上，这个看似恰当的爱情的定义也是不确切的。假如，我们对一个词的意义有歧义，大家意见不一，应该以什么作为标准来确定正确答案呢？——辞海！中国的辞海收录了苏打、沙发、沙拉……许多外来的词条都有，但偏偏没有爱情。历朝历代所有的辞书、典籍也都没有收入爱情这个词。有哪个词存在一定有相应的东西与之对应，没有“爱情”这个词就说明——中国压根儿没有爱情。

爱情是从 love 翻译过来的，西方人才有爱情，牛津词典对 love 的解释为：warm kind felling between two persons; sexual passion or desire; this as a literary subject。即两个人之间热烈而美妙的感情；性激情，性欲望；文学主题。lover，我们可能主观地译成爱人。而其实，它是情人、性伙伴，非丈夫非妻子。相应地，love letter 是情书，love song 是情歌，love child 不是爱情的结晶，而是私生子。试想，两个人，结婚以后在一起生了孩子，他们可能相爱，也可能不是很相爱。但是如果一个女人还没有嫁给这个男人就愿意为他生孩子，他们之间一定是有爱的，并且爱得很深。这就是西方人眼中的爱情，像影片《罗马假日》、*Titanic*，在现实生活中几乎不可能发生，更多的是一个文学主题。

中国没有爱情，可是中国有“爱”。古代讲爱包括：博爱、怜惜、舍不得。

博爱,就是爱一切,爱所有的人,包括敌人、仇人。爱一切人,爱人的一切,说起来简单,实则最不易做到。你的孩子学习好,你爱他,“真有出息,真给妈妈争光”;学习不好的时候,你就能不爱他了吗?“怎么生出你这样的孩子,学习差,什么都不行。出去就别回来了!”这是伤害,不是爱。

怜惜,就是含在口里怕化了,捧在手心怕摔了,爱得不知道该怎么办才好。凡是她要的,你都想给;凡是她怕的,你都预先清除。只想给她一个童话般干净纯真的世界。

舍不得。一个半岁的小孩子,还不懂事,不会说话,白天看见妈妈穿上外衣就哭了,因为他通过观察发现,只要妈妈一穿上外衣就要出门,消失 8 个小时,他舍不得妈妈片刻的离开,母子之间充满深深的依恋。班里有一个你喜爱的女孩儿,你就会整天关注她。你来教室上课,发现她不在,整节课你都会心不在焉,脑袋里空空的,有一种饥饿感。你想问她的朋友为什么她今天没来,又不好意思,足足担心了一天。你结婚了,丈夫出差,中午一点半的飞机,刚过一点半,你的心就随着飞机飞走了。你会嘱咐他,到了目的地给你打电话。虽然只离开两天,可你就是舍不得。

爱上一个人就昏了头了,智商基本等于零。从心理分析的角度讲:人类爱的天性是本能,是最不科学、最盲目的,一旦要计量、测算,就不是真爱了。

那么,如何施与爱,享受爱呢?所谓,真爱似璞玉,精琢才成器。我们的一生中可能要学到各种各样的本领,学会计要 3 年,学钢琴要 5 年,学外语要 10 年,可要想幸福,更应该拿出时间来学习爱的能力。

在旧金山,一个普通的美国人家庭,女儿 26 岁,和母亲相依为命。在她 4 岁的时候,父亲应征入伍,调遣越南,作战阵亡。4 岁的孩子对父亲印象模糊,但母亲时常追忆往事,翻阅照片,努力使父亲继续活在她们中间。父母当年青梅竹马，原来就是一对童年的情侣。父亲丧生以后，母亲竟几十年未再婚。不久前，母亲病逝，女儿悲恸之余，收拾遗物，在母亲一只收藏纪念品的小盒子里，发现一首母亲亲笔写的诗。

> 记得那一天，/我借过你的新车，/而我撞凹了它，/我以为你会杀了我。/但你没有。/还记得那一次，/我拖你去海滩，/而你说天会下雨，/果然下了。/我以为你会说，"我告诉过你啦。"/但你并没有。/你记得那一次我向所有的男子挑逗来引你妒忌，/而你又没有。/你记不记得那一次我在你新车的地毯上吐了满地的草莓饼，/我以为你一定会厌恶我。/但你没有。/记不记得那一回我忘记告诉你那个舞会是穿礼服的，/而你只穿牛仔裤到场，/我以为你必然放弃我了。/但你没有。/是的，有许多许多的事你全都没有做。/而你容忍我钟爱我保护我。/有许多许多的事我要回报你，/当你从越南回来。/但是你没有！

这首题为《你没有做到的事情》的诗本身写得很平凡、琐碎，词藻尤其浅显，但情感真切。男人打动女人这么多年，使她没有其他的想法，因为男人曾经太爱女人。她的丈夫宽容、钟爱、保护，认为妻子就是一切，其他的不在视野，她为他守寡当然心甘情愿。

在中国，大多数情况却是这样的。假如你的女友向你借车，借之前你就会说："这可是我新买的车，一千多元呢，可别碰坏了，弄丢了。"等你的女朋友回来，车确实丢了，你很生气："我告诉过你，小心一点，我就知道你准会弄丢。"女孩子心想：我本来就难受，你还这样责怪我。这样的男人，妻子肯定不会为他守寡一辈子。

中国的男人不大气、不宽容，缺乏爱的能力。我来说个标准：爱一个人就只说爱，不可爱的事情不提，不可爱的事情看不见。如果你的女友借过你的车，又不小心弄丢了，怎么办？她回来，你应该说："回来了，一起去吃饭吧。"她很疑惑："怎么不问我车的事，车子被我弄丢了。"说着眼圈就红了，你笑一笑："你骑着车子出去的吗？一看见你，我什么都忘了，先吃饭。"你可能开始是装的，时间长了，就习惯成自然，真的会这样了。看见女友，第一感觉是人回来了，其他的看不见。当然，这不是一两天能形成的，尤其是中国的男人，要想成为绅士，有风度，就要好好练习。

爱一个人就只说爱，不可爱的事情不提，不可爱的事情看不见

爱是一种艺术，更是一种能力，一定要把爱人放在第一位，把真爱放在第一位。

因为没有爱情，我们少了一些浪漫，却多了几许踏实。

因为有爱，我们少了一些浮躁，却多了一生的长久。

良性人格铸就幸福人生

良性人格对于一个人的事业成功、家庭幸福起着至关重要作用，我先讲一个伟人的例子。

我们伟大的领袖毛主席，小时候理科成绩不好。从小，毛泽东的父亲就经常训斥、责打小润之，而他的母亲却竭力维护，帮孩子说好话。毛泽东的母亲就说："他爹，我看咱润之不错，先生说他字写得好，诗也做得绝妙，附近的孩子都听咱家润之的，我看润之将来一定有出息。"后来，毛泽东果然成为中国的一代伟人，如果没有他的母亲，就不会有他今后的成就。他的母亲只看到儿子身上良性的部分，只关注成功，只挖掘优势。

良性人格就是只关注成功，只挖掘优势

毛泽东的母亲是很伟大的，现在，我们很多人不具备这种良性的人格。为了让大家印象深刻，我常和有些太太们开玩笑：为什么总嫌自己的丈夫不回家？自己首先应该反省反省，你们还真不如舞厅的“小姐”。丈夫回了家，你们就唠叨、指责、否定，时间久了，他下班后就想：怎么回家的感觉这么不舒服呢！还不如在街上闲逛省心。走着走着，一抬头，就到了歌厅门口。那里的“小姐”会怎么说呢？“大哥，你好威猛啊，一看就知道是个大人物，看你这额头多宽阔，最近准能发大财！”这些话，哪个男人不爱听？你的丈夫每天下班不自觉地就走到这里，不知道是怎么回事。

几年前，一位女士来找我：“周教授啊，我丈夫事业发展得很好，对我、对孩子都不错，可就是有个坏毛病，让我一直耿耿于怀。他每每上街总是禁不住地要看那些美女，都四十多岁了，还偷偷瞟人家二十多岁的小女生，到了夏天更甚。您说这正常吗？”我这样答复她——大街上常见之物无非这么几种：人（男人、女人）、车、电线杆、垃圾筒。一、您先生上街就数电线杆、眼光直盯垃圾筒，不看女人。二、您先生上街就直勾勾地盯着男人看，从不看女人。三、您先生时不时地看美女、靓车。您选吧，第一种是强迫症患者，第二种是同性恋，第三种是你丈夫。

男人“好色”本来就是正常的事情，而很多女性偏[illegible]正常当作异常，天天死盯住不放。不但不看人本身正面[illegible]方面，反而鸡蛋里挑骨头。缺乏良性思维[illegible]许多夫妻不和、家庭混乱、生活失衡的根源。怎么做呢？只看良性，做到[illegible]成功化，变成良性人。

假如中秋节到了，丈夫给丈母娘送了月饼，妻子[illegible]家回来，应该怎么说呢？“咱妈说了，你是最早送月饼的，比[illegible]、老二家都早。”后面的半截话就不用说了——不过，月饼[illegible]量有待提高。不好方面的决不说，明年你的丈夫送得更积极了，不仅是最早的，还会是最好的。

良性的做法，听起来简单，做起来却难。我问过很多人，几乎所有人都表示愿意做良性的人，改善目前的生活格局，可真到了事情上，有几个人能真正坚守得住呢？我来测试一下。假如你嫁了一个很有钱的老公，月薪3万元，开宝马汽车，住别墅；你过生日，他送你999朵玫瑰；到了结婚纪念日，他为你戴上10克拉的钻戒。你幸福不幸福？你每天做梦都是笑的。又到了你的生日，你准备好晚饭，等待丈夫归来，忽然，有人敲门。开门一看，站着一位二十多岁的妙龄少女："请问你是张太太吗？""是啊！""你先生是张××吗？""没错啊！""你丈夫是不是对你很好啊？你想不想看看他真实的一面？"说着，从提包里掏出一个信封，"这里有一些照片，如果不信，你可以打开看看。"这个时候，你该怎么做？是看还是不看！

坚定地回答"要做良性的人"当中，至少有一半人此刻还是会拆开信封。拆开了，你就不是一个真正良性的人。你的丈夫对你这么好，你打开信封对你有什么好处呢？只能害人害己。心理学有一个原则：没见过就是没有。你就应该把它直接扔进垃圾箱！

和谐就是找优势，找良性的部分。所有人都是宝贝，当你欣赏所有人时，不可能不被世界所欣赏。

有一年新学期，一位同学找到我，说："周老师，我刚上大一。本来上大学是高高兴兴的，很兴奋地冲进寝室，一看就傻了眼。您说，我怎么这么倒霉！寝室除了我还有三个人：一个人那么高，有一米九，像个衣服架似的；另一个那么矮，才一米五，我老觉着有个小黑影儿在眼前晃来晃去；还有一个是秃子，四五十岁脱发也就算了，他小小年纪就秃头，看着我心里别提多难受了。大学怎么是这样！"我就告诉他："你只要找对方的优势，不看缺点，只看他们有用的东西。假如把一个人分成100格，有99格是毛病，那你就只读1格。"过了两个月，他又找到我："周老师啊，谢谢你，真的非常感谢，后来我只看他们的优点，开始怎么也找不着，但我耐心找。先找那个‘小矮个儿’的，他学习不好，人际关系不好，什么优点也没发现，别人都对他冷眼相望，开始我也是硬着头皮和他做朋友，努力找他的优点。突然有一天，他把我领到他家，原来他爸爸是某厅人事处的处长。他父亲对我说：我的孩子很自闭，也很自卑，三年都没有带朋友回过家，你是第一个对俺孩儿这么好的朋友，我很感谢你，毕业了想去哪儿工作，你叔我给你安排，只要是本市内的单位，随你挑。现在，我一看见‘小矮个儿’远远地走来就高兴，对他是满心喜欢，别人毕业都为找不到工作发愁，我刚上大学工作就有着落了。而且，长期接触我发现他确实有不少好处：他不吹嘘，不因为家境优越到处张扬，说话做事都很谨慎。那个‘高个子’篮球打得好，我是班里的体育委员，我们班的篮球比赛全靠了他。除了‘秃头’，他们的优点我全找到了，但我相信，‘秃头’一定也有自己的好处。”

从良性的角度去思考，你会收获很多，大学生找不到工作，生活不快乐，是因为从开始就没有立人立己，没有运用良性思维。

最后，我讲讲具体的方法。

曾经，有位女士找我做心理咨询：我是个新娘子，结婚才两个月。可是新婚的喜悦很快就消退了。因为结婚后我发现他有很多坏毛病。一是不讲卫生，洗碗总是洗不干净，刷过的碗甚至有饭粒。二是没有情调，回到家就看电视，以前的温存浪漫都不见了。三是不求上进，每天就是上班、下班，这到何时才会有大成就？其他还有不懂礼貌、不做家务等等。周教授，怎样才能有效地改掉我丈夫的这些毛病呢？

我就给她讲了一个故事：

如果有一天，你发了大财，买下 300 亩地，成为庄园主。此地已荒芜多年，杂草丛生，满目凄凉。杂草是你不愿意要的东西，粮食是你渴望收获的东西，你该怎么办呢？到了播种季节，你雇了很多员工，开始给荒地锄草。从南到北，从北到南，花了

10天时间，锄了一遍，干干净净只剩下新翻的土地。没过两天下了场秋雨，回头一看，地里的草又长出来了……你找了更多人，开始锄地，花了几天，又锄了一遍，老天却好像故意和你作对，不多久一场雨又带来了恶草。

种地需要锄草，可是草难以除尽，不停地再生，怎么办？必须待草除尽才能撒种？那天下几无可种之田，因为草是永远除不完的，若将精力定位在除草，人的一生将会被徒劳消耗。办法是将麦子种上，麦子一出，自然会将草压住，到了金秋时节，人就有了收获，尽管草依然在，但它不碍大局。

因而，从这个意义上讲，自然总是多样性的，免不了出现我们自己看不惯的事物，人的精力应主要倾注在多样性中对我们有利的事物上，这样生活总是在发展的，总是良性的，我们的心理就是健康的；若我们执拗地将精力用在对立面、问题面，那么麻烦就大了，人生的妨碍主要在于此。

不要关注生活中的“杂草”，多去种“麦子”吧！

寻找幸福的按钮

在一幢透明的玻璃箱中，住着一只老鼠。它瞪着机警的小眼睛四处张望：周围空荡荡的，面前仅有一个红色的按钮。

时间久了，老鼠觉得饥肠辘辘，开始在箱内乱窜。偶尔碰到红色按钮，突然，从箱壁的小孔内掉落出一粒食物。老鼠迅速跑过去，吃下食物，又继续乱窜。不小心，再次碰到按钮，又蹦出一粒食物。哦！真是太令它兴奋了。经过几次"意外"后，老鼠按按钮的行为被强化了。它不停地按下红色按钮，就有食物源源不断地冒出来。老鼠很满足。

这不是普通的实验，而是行为主义学派最负盛名的代表人物，也是世界心理学史上最为著名的心理学家之一——斯金纳，创制的研究动物学习活动的仪器——斯金纳箱。

实验继续着，小老鼠由原来紧张、紊乱、焦急地跳，变为喜悦、有目的地跳，并且喜欢朝按钮的方向跳，其行为变得高效、有目的性。当老鼠不饿的时候，也会经常去按按钮，食物落在面前，它不吃，但是心里高兴、有成就感。从此，它的目光时常注视于按钮，因为那里有快乐。

斯金纳通过实验发现：人的行为都是后天的，经过强化的行为就像老鼠按钮来获取食物，是可操作的、趋向于重复发生。"强化理论"只讨论外部因素或环境刺激对行为的影响，有助于对人们行为的理解和引导。

目前，强化理论已被广泛地应用在激励和改造人的行为上。

对于你的亲戚、朋友、爱人和你最重要的人，你是不是那个按钮？是不是“按”了你以后，就会得到他们想要的东西？当你适当满足他们的需要时，他们看你的目光是不是流露出欣喜？如果这些你都做到了，别人就愿意和你在一起，你的魅力、吸引力自然会增加。

假如第一次和女朋友约会，你捧着一束硕大的玫瑰花出现在女友面前，她满心惊喜，充满感激地看着你；第二次见女友，你抱着满满一包爆米花，披着金色的阳光站在绿色的草地中，她觉得你充满生机和活力；第三次你们约好一起去听音乐会，优雅多情的音符飘洒在你们身边，她轻轻地依偎在你肩头，全身流淌着一阵阵暖意。她知道下一次约会一定同样温馨美妙。所以，好事情一定要在好的环境里做。你给了女友这样的强化：见到你就有阳光、鲜花、美食、音乐……和你在一起，心情就是好、就是快乐！若如此对待你身边所有重要的人，只给予他们良性刺激，你的前途能不光明吗？

第二次实验，还是原来的装置，只是把食物换成电击。小老鼠会怎样呢？忽然间，食物不见了，有了几次电击的经历，小老鼠再也不敢碰红色按钮，甚至把感受扩大、泛化，连按钮所在的那面墙壁也不再触及。它常常躲在相距最远的墙角处，恐惧地望着按钮，不吃不动。

许多人不受欢迎，就是因为经常给别人“电击”。你的孩子为什么不听话，你的丈夫为什么不回家，你的朋友们为什么避开你？是不是每次别人碰到你就会受到指责、打击、否定，你让他们感觉到恐惧、沮丧、没有意义？总是给别人带来痛苦，大家看见你，远远地就避开了，甚至将厌恶你的态度泛化到周围，连你待过的屋子也不愿意进、连你使用的东西也不愿意看到。

在俄罗斯，有一个女人焦虑、敏感、抑郁，很怕包子，她不能吃包子，不能看见、闻到包子，甚至听到“包子”这两个字就受不了。后来，心理学家通过深入调查发现：在幼年时期，她曾受过一次伤害。一名厨师在一笼包子前面强暴了她，她强迫自己忘记这件事情，将所有的痛苦都聚集在包子上，后来，包子成为她痛苦回忆的“红色按钮”，是她永远不愿再碰的禁忌。

看！“电击”的伤害多么强大，所以，千万不要变成第二只“斯金纳箱”，处处给人“电击”。可能你觉得自己的生活也不顺利，对什么都没兴趣，什么都不想做，甚至连恋爱都不想谈，因为你也受到过某一次“电击”，但不要认为生活本身就是这样，你要做的只是找出那个曾经伤害过你的“按钮”，不再去碰它。这样，你的生活和命运就会发生实质性转变。

第三次实验，将前两次实验交替进行，老鼠按动按钮，时而得到食物，欣喜异常，时而被电击，极度恐惧，时而什么也没有，万分沮丧。时间长了，小老鼠变得焦虑、躁狂、抑郁、不知所措，对什么都没有信心。最终，小老鼠会发疯，会被折磨死。

我们的生活更像第三只斯金纳箱，不可能总有“食物”，也不会总是“电击”。为了生存，为了衣食住行、老婆、孩子，必须要工作、赚钱，在这当中我们可能得到财富、业绩、名誉，也可能受到打击，否定、惩罚，经受种种磨难。老板斥责你，客户为难你，家人误解你，甚至浪费金钱，毁灭自尊。一面是奖赏，一面是惩罚，这就是产生疾病、焦虑、不稳定情绪的根源。从心理学角度来讲叫“趋避式冲突”——你既离不开它，又在某种程度上害怕它。世界上，对人危害最大的不是电击，因为你可以避开它，但假如你受到的是趋避式冲突，无法离开，又要时不时受“电击”的折磨，你就会精神分裂，会疯掉。

不过别担心，真正有本事的人能有效避开电击，只留下成就感。怎么做呢？最重要的是怀有一颗“万事皆好”的心面对世界。

一位广告公司的女士找我做咨询。她说：“周教授啊，我在公司里业绩完成最多，销售额创下新高，营业欠款也最少，这本来是一件好事。可谁知好事也能变坏事。到年底了，我原本应该受到奖励，增加薪水，但我的老板就属于第三个‘斯金纳箱’。他刻薄、不近人情，说我业务能力强，不仅让我追回别的企业欠我们公司其他员工的账款，还规定追回欠款才给我发工资。这是多么不公正的待遇，多么愚蠢的决策！您有没有见过这么倒霉的事情？假如我做了坏事，惩罚我还能接受；假如我什么也没做，惩罚我也就是委屈一点；现在，我做了好事，还要受到惩罚，岂不是世界上最不公平的事情！”

像她的老板就属于极端的第三箱，这个时候该怎么办呢？记住一个重要的转化机制。美国心理学家在《摆脱苦恼的十九条途径》中描述第十七条：“每个难题本身都蕴含有被解决的可能性。”这其中肯定有某种创造性的潜力有助于你本人或者某个其他人解决此问题。正如钱币有正反两面，在这个人看来是难题的事情，对于另一个人，却很可能是件有益的事。比如，老鼠对人类世界来说，是瘟疫。可是在美国，老鼠的出现却给人们经济上带来莫大的好处，为人们提供了大量的工作机会——工厂生产鼠夹、家庭逮到老鼠有嘉奖等等。

真的，只要尽心寻觅，任何问题都蕴含有被解决的可能性。我认识一个人，他曾经因破产而痛不欲生。后来他从困境中新生，于是他决定帮助那些濒临破产的人渡过难关，现在他成了这些人的顾问。往往此人之问题正是彼人之机会。

如她所言，第一，欠款很多，分布面广，积压时间长，是连老板都要不回来的；第二，每笔都是几万元的小账，对方不在乎、不重视，而且欠账的人都是全市有头有脸的人物。

我就对那位女士这么说：“假设说这些钱真的要不回来，老板都要不回来，你要不回来也是正常的事情。况且，欠你账款的人都是有势力的人物，假如不是因为欠账，你去找他们只会被拒之门外，现在，你却有机会接近他们。你应该这么定位：追到欠款追不到欠款是次要的，接近、认识那些头面人物是主要的。”

她是个很有悟性的女人，听了我的话，并且真就这么做了。

其中，有一个老板 8：00 上班，在此之前，她就等在门口。老板来了，看见她：“你是谁？”她微笑说：“我是某某广告公司的。”“你是来要账的吧！过两天吧，这段时间我们正忙。”她就故意重复一遍：“老板，您说再过两天，是吧？”“是，是，现在忙着呢。你先走吧。”她不缠不闹，掉头走了。过了两天，她果然又来了，站在门口，遇见老板：“老板，现在有空吗？”“咦？你怎么又来了？”“您说让我两天后来的，您地位高，权利大，您说的话我就当真了。”老板被逗乐了：“我说的不是真的过两天，你怎么连这个也听不懂。”“我这人实在，以为您说的就是这个意思啊！”老板自然知道她是故意装的，但只是觉得好笑，并不生气。“好吧，你先进来坐，我们欠你们公司五万元，年底大家手头都紧，看你要账不吵不闹的，挺有意思，先还你两千元吧。”

这时，很多人以一种敌对、气愤的情绪对待这件事情：“两千元，你这不是打发要饭的吗！”要么不要，要么吵闹。她却笑眯眯地拿起钱走了，片刻又折返回来：“老板啊，真的非常感谢你，我们老板来要都要不回，您却给了我两千元，虽然不是欠款的全部，但是您尊重我，给了我面子。”老板也很感动，觉得这个姑娘不一般，“来来来，你坐下，别人也欠我上千万元，我正发愁要不回来。你要账不吵不闹，还逗我开心，来我这里干吧，我给你提成。”最后，几十万元的账款总计要回了两三万元，钱并不多，但有四五家大公司都表示希望录用她，为他们单位要账，这下坏事又变成好事了。

可是，这个姑娘第二次来找我，喜忧参半，喜的是认识了二十多个大人物、接触了二十多家大企业，个人也得到了欣赏、认可，以后工作是不用愁了。忧的是临近年底，本公司的薪水还没发给我，我怎么能走呢？真的到那些单位替他们要账，我也不愿意干。怎么样再做一次转化呢？我告诉她：“很简单，你不是有亲戚、朋友吗？他们难道都有合适的工作了吗？”她恍然大悟：“对啊，我三姨的女儿，还有大学同学都曾托我给他们找找工作。”我更深入地提醒她：“是啊，你把自己的经验、方法教给他们，推荐他们去那些大企业，你的亲戚、朋友会感谢你；要回账款，老板们也会感谢你。你的人际圈子就扩大了，营业途径也增多了，广告业务不是更大了?!”看似一件最不公平的事情，变成了实现自我价值、增进亲友感情、扩大业务客户、挖掘潜在资源这样一举多得的好事。

世界上有 90%的问题是可以转化的，当你遇到挑战，其实也是面对机遇。你可以告诉自己：困难来了，那太好了，如果我能战胜它，我会变得更强大！

人有了这种意识，这样做了，这种能力就会越来越强，就更多地处于第一个箱子中，身边更多的出现第一只箱子，你也会变成老师、亲戚、朋友、同事的第一个“按钮”。

世界上没有同样的生活，只有觉醒以后的生活。生活在于选择，并不是给予的。为自己创造一只“斯金纳箱”，只给自己良性刺激，奖励自己，成就自己，做一只快乐的小老鼠。

为自己创造一只“斯金纳箱”，只给自己良性刺激，奖励自己，成就自己，做一只快乐的小老鼠

真爱就是着眼于结果的幸福 46

爱是一个很宽泛的话题，父母之于子女，长辈之于晚辈，上级之于下属，老师之于学生，丈夫之于妻子……究竟什么样的爱才是真爱呢？

我想起一篇印象很深刻的文章。1998年高考作文的题目是：《坚韧——我追求的品格》。福建省的一位考生交出了这样一份答卷。

> 我只是在铸就我的性格，使她像铸铁一般坚韧。要碎吗？也得碎得轰轰烈烈。
>
> 我不相信眼泪，最疼爱我的外公去世时我没有哭，父母离婚时我也没有哭，他们分开以后无所顾忌地抹黑对方时，我更感到有想笑的冲动。
>
> 我坚信苦难是一所学校。台湾作家洛夫说“欣赏别人的孤寂是一种罪过”。套用过来，我却觉得欣赏别人和自己的苦难有助于自己坚韧性格的成形。
>
> 我的心是一把剑，出炉的时候必须喂之以血。但它不相信眼泪。

文章感动了全体语文组的老师，大家一致通过给予满分。

这位学生也因而成为福建省文科状元。这还不够,有的老师又激动地给录取该生的学校写信,认为这样优秀的学生应该免试直接升读研究生。可见这位学生有多么大的魅力。

但是,人们有没有想过,一个外公死去不哭,父母离婚不哭的人,一个乐于欣赏别人苦难的人,是个什么样的人?她的心是一把剑,剑要炼成、出炉的时候要喂血!拿谁的血来喂?他的血?还是我们的血?

实质上,这位高考状元是一个变态人,她集冷漠、无情、残酷、敌对、神经质、反社会等于一身。大量这类人的存在,我们就不难理解为什么有太多家庭夫妻不和,为什么有太多的单位窝里斗,为什么社会上存在太多的敌意。人人都成了小状元这样的人,以这种方式来做人,相互伤害、自我伤害且不知其为害,理直气壮。这样的民族,前途如何?想想都会让人不寒而栗。我们不禁要问,这些老师想要干什么?教育界、社会媒体应该向学生宣扬什么?

冷漠、无情是可以产生力量,但这种力量带来的是破坏,导致恶性循环。这种力量越强大,灾难越深重。世界上最伟大的力量绝不是冷漠,而是"爱"!但是,现在太多的教师不习惯理解爱的力量。爱的生物现象很多,例如:鸡与狗打架,通常狗是赢家,从生理角度分析,鸡无论如何不可能胜狗。但是当鸡孵化了一群小鸡,领着小雏觅食时,狗又来了,鸡还是那只鸡,狗还是那只狗。此时,鸡会红起鸡冠与狗抗衡,最终,狗会退却,使狗胆怯是"母爱"的力量。

"爱"是维护种族生存与繁衍的根本力量,我们需要的是崇尚爱,决不能诋毁爱,更何况人对爱的依赖比动物丰富得多。人的爱之能力发育如何,对成年后的行为及命运有着决定性的作用。心理学家研究发现,人类爱之养成的关键期是在0~2岁,在此期间,人处于无意识状态,由于无意识,人们会对外界的影响不加评价地吸收。妈妈将孩子拥抱在怀中那安全祥和的感

冷漠、无情是可以产生力量，
但这种力量带来的是破坏，导致恶性循环

觉、凝视爱怜的目光、亲切呢喃的语气、体贴亲吻的行为、关注用心的神情，所有这些，婴儿会像海绵一样吸收，生长在其生命之中，生长在其神经体系之中。在爱的环境中长大，作为成人，他习惯于关心人、帮助人、悦纳人、宽容人，同时也乐于接受别人的关怀，与人交流自然，容易形成和谐的人际关系。社会上若以博爱的人为主体，家庭中的夫妻、工作中的同事、社会中的人际，必然友好。爱是和谐的必要条件，而和谐是人类生活幸福的前提。反之，一旦失去了爱，人就会进入混乱状态，对此，心理学家从多方面做了深入细致的研究。有了心理健康的视角，就不难看出，这位“高考状元”由问题家庭走出，是个缺少爱、人格扭曲的孩子。他亟待的是以关爱来融化那层掩饰创伤心灵的冰冷外壳，而不是雪上加霜。

这所有还不够，现代孩子在诋毁、中伤他人的同时，对自我所拥有也并不悦纳。

在武汉进行的“女大学生择业”调查显示：85%的女大学生不愿做贤妻良母；当爱与工作不可兼得时，果断选择工作的女大学生是选择爱的两倍多，分别是 43.2%和 20%。针对以上结果，该报道的结论是："差别教育"应该浮出海面，高校应重视差别教育。所谓差别教育，就是承认、重视男女两性之间的差别，并针对女大学生的心理特点专门进行女性教育，为她们的成长提供帮助指导。目前，各高校都是实行无差别教育，即男生女生一起接受完全相同的教育，这对女大学生很不利。

不利到什么程度呢？

1. 生为女人，不愿接受女人的生理。如厌烦月经，认为月经麻烦，称月经是倒霉。当女大学生们被告知这是生命中必然的一部分时，她们理直气壮地说：是呀，所以你不得不承认，这很倒霉呀！

2. 生为女人，不愿接受女人的责任与使命。不愿意以家为生，不愿意生孩子，不愿意养孩子，认为孩子是累赘，因而即使是生了孩子也不安心养。

3. 生为女人，不愿意接受女性性别特征，要在一切方面与男子一争高低。

但孰不知，自然赋予女人的肌力只是男人的四分之三左右，自然赋予女人的感情性思维为优势，逻辑思维总体不如男性。一个女人若正常情况下生育三个子女就必然占用生命中的10年时间。在这个时间，男人像其他动物的雄性一样有担负家庭供养者的责任，此乃种族繁衍发展的自然、合理模式。可是，很多女性对此也要说"不"，因为她们认为"养"是男人对女人的污辱。

做妻子，不心甘，如此便可理解为何许多家无宁日。

做母亲，不甘心，如此便可理解为何许多孩子少年犯罪。

做人，心不甘，如此便可理解为何世界到处充斥浮躁气息。

与天作对，如何不惹天怒。

真爱孩子，就是着眼于结果的幸福。看看以上文字、数据，我们该有所警醒，心理学家提醒家长、教师、社会及青年学生自身：先做人，先爱人。

做父亲比做老板重要 

1999 年 4 月，日本文部省颁布了《家庭教育手册》，内容通俗易懂，却极有深度和针对性。今天，我也来宣讲一下亲子教育的秘籍。

有一个父亲，下基层锻炼，到某县做县委书记，从此就很少回家，不管孩子。儿子最后逃学、打架、吃摇头丸，他没办法，找我做心理辅导，来了第一句话就是："周教授，我很忙。我也知道对不起孩子，但是我没有办法，没有时间。要不这样，花多少钱，需要做啥事，你的任何忙我都给你帮，我的孩子就交给你了。"有很多人都这样跟我讲："孩子交给你了。"给我再多的钱我也不管，孩子知道，我的亲生父母都不管我，不爱我，放弃我，眼前这个人说要管我、要爱我，谁信啊！

我问这个父亲："你能不能保证每天和孩子交流 10 分钟？"他说："没有时间，哪有时间呀？我天天不回家，爱人都见不着我。""那一个星期呢？""我在下面当县委书记，事情多，周末也有很多应酬，没时间，回不来！"我就问他："你一个星期都拿不出半天陪孩子，你生他干吗？"

举个例子：一个人对我说，周教授啊，我听了你的讲座后，非常喜欢你，我最尊敬的人就是你了。你的讲座是我听过的最好的讲座……这时电话响了："哦，克强同志啊，好，我马上到……”一摆手，“周教授，我走了，克强同志找我。”

那么，你刚才说的那些话我还信不信？我不信，你是胡说八道！你喜欢克强同志更甚于喜欢我。但如果你说“哦，克强同志啊。你能不能稍等会儿，我正和周教授谈话。这样吧，等我谈完了咱们再见面。”你的话我信不信？我相信！克强同志你都不见，你见我。

而我们现在更多看到这样的情形：“爸爸，能不能星期六带我去公园啊？”“能！”到了星期五晚上，你接到一个电话：“张经理啊，星期六一起去钓鱼？好，一块儿去！”

那孩子呢？“儿子，我出去钓鱼！你自己玩去吧！”

一天、两天可以，时间长了，你的孩子得出一个结论：“谁都能把我爸爸叫走，谁都重要：客户、领导、上级，唯独我不重要。”你给他钱也好，给他买东西也好，但是他从内心会觉得“一到关键时刻，我爹是会放弃我的”。

我经常对一些父亲讲，你再忙，能忙到什么程度——我说这话是为了唤醒你——“陪客户，你有时间；领导呢？必须得去；同事呢？小姐呢？”有很多人，陪小姐都有时间，就没有时间陪孩子！

因此，我提个要求：父亲每周最少抽出半天陪陪孩子。要知道，做父亲比做老板重要。

你的孩子知道你很忙，知道你事情多，但到了星期六下午或者星期天下午，这个时间雷打不动，就是陪他的。一听电话：“克强啊，我现在正陪儿子玩呢，改天我们再聊？”你的孩子会想“克强同志找他，我爸爸都不去，看来他对我很重视。”他会说：“爸你走吧，没关系。”孩子会主动理解你。你说：“我不走，今天谁都没有我儿子重要！”有你这句话，有你的这个举动，有你每到星期六都雷打不动地陪他，你再看看孩子，他听话得很！他知道你最重视他，最爱他。

而且这半天对你有什么好处呢？现在的成年人都说自己

"累"。这个时期，得病最多的是脑、心、血管方面的疾病，成为男人的三大杀手。从心理学科我告诉你，你为什么会得这些病？

做父亲比做老板重要

一个男人如果只是工作，缺少了温情，和太太、亲人、孩子交流很少，你的性格就会变硬，心也会硬——你们可能第一次听到这种理论，不一定会接受，但是全世界都是这么认为的——什么叫冠心病？心脏往外输出血液，供全身使用。但心脏本身也需要血液，给自己供氧，给心脏自己供血的血管叫冠状动脉。冠状动脉如果硬化，不能舒张，供血就不足。一般来讲，得冠心病的人都是事业心非常强的。他们比较缺少温情，心硬了则心血管硬，心血管硬则供血不足。硬化时间久了就脆弱，容易破裂、出血，容易猝死。男人们每周拿出半天时间给自己的孩子，会软化你的血管。世界上第一防止冠心病和高血压的办法，就是和亲人接触，第二是养宠物。

爱自己的孩子、陪他，这是我的第一个要求。另一条，孩子回到家，第一应该得到的是什么？

许多孩子回到家第一个得到的是："你考试咋样，考了第几名？又退步了？为你花钱不少，操心不少，就是得不了第一名！"

孩子回家还没吃饭、还没换鞋呢，先来一顿这个。孩子一回到家，应该先得到的是拥抱，先亲亲他。

有一个女孩，14岁，去别人家投毒未遂。母亲带着她来找我做心理咨询。在我的办公室里，我说："你们现在就互相抱一抱。"两个小时过去了，母女俩就是抱不到一块儿。母亲说："哎呀，周教授，我们多少年都没有抱过了。"女孩说："我妈下班很晚才回家，也很少给我做饭，只知道骂我成绩差。这样的人死了都应该！"说出这样的话，她觉得很正常。

所以，经常抱抱、亲亲你的孩子很必要。每天晚上睡觉之前，孩子最后得到的应该是你的亲吻。尤其是今天孩子被人欺负了，今天父亲打他了，今天孩子成绩不好，最终孩子应该在母亲的亲吻中睡着。第二天清早，一切都会化解。孩子会想：我今天犯错误了，这么不出色，妈妈仍然过来抱我亲我。妈妈是永远都不会丢弃我的，不管我怎么样，她都要我、爱我。这样的感觉会是一个最有力的支持，保证孩子健康成长。我在新密讲课时，一个老太太说"俺那儿不兴这个"。为什么全世界都兴这个，就你那儿不兴！教育孩子的第一个方法：你一定要爱孩子，和孩子接触。这是无可替代的，必须做到。

第二个问题是如何来爱孩子？

说到夏天，大家的反应是热；说到孩子，大家没有反应；说到男人，大家都说坏；说到老板，大家觉得黑。

假如说你是一个女人，你的男人你认为他很坏，你的老板你认为他很黑，你的孩子你认为他很烦。"周教授，你说的真对。我这个孩子——是我28岁那年怀上的，就要提升经理的时候——是个意外，要不是意外根本不会要他。为什么我给孩子起名叫'凡凡'，虽然是平凡的'凡'，其实是因为'烦'他。"假如是这样的母亲，老板你觉得黑心，丈夫你觉得花心，孩子让你烦心，日子没法过了。老板还骚扰我，这男人就没有一个好东西——"周教授，你是没和我接触，接触时间长了，我长得漂亮，你也不一定……”还有人说:“周教授,我就别提了,个子矮、皮肤黑、三角眼、粗眉毛、罗圈腿……我还不如死了算了!”

看到老板你气死,见到丈夫你气死,提到孩子你气死,想到自己你简直活不下去。也许有人说,周教授你说得没错,这都是真的——

在心理学诞生之前,有两大学科:一个是以哲学为主的社会科学;一个是以数理化为主的自然科学。这两大学科有一个共同特点就是追求真理。搞得人类都在追求真理。心理学1879年才诞生,到现在为止,才百年有余,在所有的大学学科里面诞生得最晚。心理学诞生的目的是什么呢?就是告诉人们,这个世界上最害人的不是罪犯、不是骗子,而是“真”。比如,现在有人拿刀子来砍我,大家可以一起上来制服他。他把我砍流血了,可以包扎一下,慢慢就会好——罪犯的危害是有限的,有时间、场所的限制。假如有人骗你,骗你三个星期、三个月、三年,你早晚有一天会识破他。但是,假如这个事情实实在在存在就很难辩驳了。

很多人过得不好,孩子教育得不好,不是因为孩子不好,不是因为出现了问题,而是所有问题你都从负性的角度去理解。天底下,没有问题孩子,只有问题教育。

一个女孩,14岁,自杀了两次。她的母亲就问我:“我的孩子都死了两回了,什么话也不和我说,怎么办啊?”我就问她:“你孩子的优势是什么?”“哎呀,我的孩子她就是不说话,……”我说:“我问你,你孩子的优势是什么?”“她不听话,不好好学习……”我第三遍问她:“你的孩子有什么优势?”“我说什么她都不听,还逃学……”她一张嘴就是“不爱学习,不听话……”她已经定格了,你想救都救不了。然后,我就告诉周围其他的家长,我刚才问了她什么问题,你们跟她说说,“周教授问你,你孩子的优势是什么?”这位家长好像大梦初醒一样:“优势?什么是优势?”

一个人到了30岁、40岁，在社会上能站住脚，靠的是什么？不是学历，不是知识，就靠我们的专长，我们的优势。许多家长从孩子小时候开始，就盯孩子的毛病不放，还说我是为了让孩子学习好啊。可是，要让孩子学习好，就必须让孩子自信，有自信的人碰到困难才能跨过去。怎么样建立起孩子的自信？就要找到他的优势。您老是找孩子的毛病，他就越来越厌学，学习对他来说是一种惩罚。

现在，立刻说出你孩子的10条优势？很多人说不出，说不够。我经常问家长们：你是亲娘吗？你是亲爹吗？如果你是亲爹亲娘，你连孩子的10条优势都说不出来！要把孩子培养成人，培养成功，让他有本事，你就得知道哪个地方是孩子的优势，哪个方面能让孩子成才！你时刻要清楚这一点！

“我对你失望之极！”“你早晚就是个拉大粪的！”“你学习根本就不好，你就不会好好学习！”“你让我伤心死了！”“我要是你，早就一头撞死了！”……这么恶毒的话，亲生父母能说出口吗？

我建议大家，一定要做良性人，找到你孩子的优势。比如，一次讲座，前面坐着一个小男孩，我没有和他说过一句话，但是我一眼就能看出他的优势。第一，胆子大。讲座还没有开始，他就跑过来问我：“什么时候开始啊？怎么还不开始？”第二，语言能力强。刚才发言最多的就是他。第三，爱笑。你们看，现在他笑得更灿烂了。可以预言，刚才我讲的这三句话，他可以记一辈子。在今天这样的场所、这样的环境，有一个教授给了他这样的评价——他会记一辈子。

还有一个家长说：“我孩子有多动症，平时走到哪里都不老实，老师也说他上课不认真听讲，到处乱动。”我从事心理学工作20年，至今没有发现一个孩子是多动症。我就走到他孩子面前，给他一支笔：“小朋友，你想不想画画呀？”他拿起笔，画了些交错的线条，我问：“你画的是什么呀？”“是鱼！”他的母亲张开口就想呵斥。我说：“哦，是鱼，还是M星球的鱼呢。”他一听，高兴极了，又开始画起来，过了25分钟还一动不动。

我们的标准是，一个好妻子必须知道丈夫的10条优势，经常默记在心；一个好家长，必须知道孩子的10条优势，经常挂在嘴边。

举个例子，我们都去过公园，那里景色宜人，令人神清气爽。就在你正欣赏风景的时候来了一个女孩，我们权且叫她浪浪。她说："你上当了，我带你看真实的公园吧！你看，这里有人随地方便都没人管，瞧瞧，这里一堆、那里一堆……"

你不看还好，一看恶心死了，公园美丽的形象被彻底破坏掉了。你走了，浪浪可没有走，还略带自豪地说："怎么样，看到真实的公园了吧？你们这些人单纯得可笑，我就喜欢研究真相。"她兴致勃勃地在花丛后面继续寻找"真相"

她怎么了？变态了！——心理学中给"变态"一词的定义：真实地、执著地寻求伤害自己和他人的元素。

那么，我问一问各位母亲，对你的儿子、你的丈夫，你有没有变态倾向？希望从今天开始，避免这种倾向。我们要让孩子将来成功，让他们学习好、人品好、出人头地，就一定要给他自信，要看到他的优势，不能变态！

我们扪心自问，我自己也包括在内，生活了这么多年，我们对孩子的要求、对亲人的要求是不是合理？谁能说自己没有"后面"呢？为什么自己有"后面"，就不允许别人有"后面"呢？看到别人的"后面"对自己有什么好处呢？它只会无穷无尽地伤害你，伤害孩子！

刚才的休息时间，有一位母亲带着他的孩子来到这里。孩子对我说："我的父亲从来不欣赏我。对我学习好的一面从来没有赞扬过；对我有毛病的一面不是打就是骂。怎样才能让爸爸不打我、不骂我？"

我问他："你爸爸骂你什么？""笨蛋。""爸爸再说你是笨蛋的时候，你就说，我这个笨蛋是从哪儿来的？"那孩子说："我不敢说，说了爸爸会打我。”说着眼泪就流下来了。

这位父亲今天在现场，我希望你知道，你的孩子说到这句话时，眼泪就流下来了。对于其他人来说，听到“我爸爸会打我”时，都可以笑，但是你的儿子笑不出来。

学习教育子女是件关乎民族未来的大事，不仅要懂方法，还要切实做到，要肯花费时间、精力。记住：做父亲比做老板重要。

教育孩子，戒除网瘾

现在，家庭教育当中，家长、学校、孩子，最关心的事情是什么呢？其中一个大问题是如何戒除网瘾。很多人用了各种各样的方法来戒除网瘾，但是收效甚微。教育界出了很多这样那样的专家，整治的结果也大多是有头无尾。这里，我隆重推出一种方法，告诉大家：网瘾并不是不可戒除的，而是百分之二百的可以戒除。

只有三种孩子，网瘾不可根治。

第一种就是绝对禁止型。家里不买电脑、买了不上网、上网不让玩游戏，这种家长很有可能使孩子上网成瘾。你从不让孩子玩游戏，到了大家都在说游戏、讨论游戏、他也非常想玩游戏的时候，这种冲动和愿望就会到网吧去实现。许多孩子迷恋、沉醉于网吧，正是父母逼的，是你压抑了孩子正当的愿望和想法。同学朋友之间共同的语言话题他没有，就没法进入交际圈子，不能和大家交流，只能跑到网吧里去。每个时代的孩子，都有自己生活的内容。如果他不会上网、不懂得操作，甚至不能输入，他就会被时代淘汰，反而妨碍了孩子的进步和发展。孩子不回家，在网吧待上一天或几天，网吧老板就会说："小孩，我这儿有方便面、有大衣，你就在这玩儿吧。——只要给钱！"一定要知道网络的正向作用。实际上，大多数孩子都不会沉湎于网络，之所以网络成瘾，是家长方法不当，而不是孩子的问题。

第二种就是父母完全不负责任。曾经有一位母亲来找我：“我的孩子不上学，天天玩电脑。”我问她为什么呢？她说不知道。这个母亲就是从小特别溺爱孩子，要什么给什么，然后就去打牌。爸爸也不管，天天去喝酒，对孩子放任自流，想玩游戏、想上网就给钱。现在很多父母因为工作、生活上的关系，没有心思管孩子，没有对孩子的责任感，只要孩子不给自己惹麻烦、不占用自己的时间，就放手不管。天底下没有问题孩子，只有问题父母。每一个孩子生下来都是要被培养的，他之所以现在走歪了、变坏了，父母是责无旁贷的，尤其是母亲。

第三种是将责任归罪于网络、网吧。很多家长愤愤不平：“黑网吧把我的孩子害死了，你们应该关掉网吧！”道理其实很简单：一个罪犯拿着刀把别人砍死了，罪犯决不能说：“谁让你卖刀？要是没有刀，我怎么能把别人砍死?!”这是很荒谬的，每家每户都有刀，为什么别人没有出事，而是你？不是刀的问题，是人的问题。开车的把人撞死了，也可以说：“要是不生产汽车该多好？不开车不就没事了？生产出来车才把人给撞死了，原因不在我，而在车！”这些理由都讲不通，电脑也是如此，“不要有电脑”、“不要有网吧”、“这些把孩子给害死了”——如果父母是这样想的、这样推卸责任，将在很大可能上导致孩子网络成瘾。因为他们没有合理归因，不知道罪魁祸首在爹娘，尤其是娘。

下面我们来看看，怎么样能让孩子既玩好又学习好。

第一，父母必须树立这样的观念，写在纸上：“没有问题孩子，只有问题父母。”从心理学的角度来讲，个性的培养不在学校、不在网吧，只有父母。

第二，责任人一定要划分清楚——你们家谁管教育孩子。现在很多家庭，连这个问题都搞不清楚。夫妻糊涂地过了好多年，等孩子出问题了，搞不清楚是谁的责任。平时谁有空，就说两句；没空，谁也不管。至于孩子整个发展轨迹是由谁来监控，没有一个责任人。过问的时候,往往是问题出来的时候。比如,一个父亲找到我:“周教授,我的孩子玩电脑,入了迷,快毁掉了。爷爷奶奶去把电脑砸了,孩子当时一怒,把爷爷奶奶给打了。”父亲去拉他,把父亲也打了。我问他:“孩子多大了?”“18 了。”那当然要挨打了,因为这个时候已经相当晚了。想把孩子教育好,一定要注意关键期,哪些时候进行哪些教育。养成教育、习惯教育,尤其是网络电脑的教育,最好在 3～8 岁之间。这个时候,孩子无论在能力、体力、经济各个方面,都完全崇拜父母。小孩子不会倒水,他会对你说:“妈妈,我想喝水。”你给他倒了;“妈妈,我要吃冰激凌。”你也给他买了;“妈妈,我要上街。”你把他带到街上。他就以为父母是万能的,这个阶段,他很愿意跟随父母,听父母的话。他是仰视你们的,视野之内没有别人。假如到了十来岁:我妈妈对我很好,可是,小丽对我更好;我妈妈很漂亮,可是,小丽更漂亮。他的视野就超出了父母的范围,养成教育的权威性就不容易建立起来,所以一定要在 8 岁以前,不要在青春期以后再进行养成教育。

第三,教育子女要舍得投入。我经常问有些父母:“学电脑,你要花多长时间?”最少要三个月。“学开车需要多长时间?”开车上路,最少要两个月。“你花了多长时间学习教育子女?”“没有。”从来没有专门地、专心地花时间探讨、学习教育子女。实际上,孩子要比电脑、汽车复杂、精密得多,但是,父母没有想到要花更多时间学习对人的教育,而这在发达国家正好相反。英国在结婚登记的时候,会给你一套教育子女的考试题,如果考不及格,要等 15 天以后再来,必须通过教育子女的测试。他们的婚前检查,不是以生理、器官的检查为主,而是看你是否会教育子女。在美国,父母双方必须有一个人是学过家政学的,怎么教育子女是其中最重要的一项内容。中国的《三字经》讲“养不教,父之过”,教育子女历来就是父母的责任。

接下来讲一讲,在关键期具体怎样一步一步去做。3～8 岁的最佳关键期，你的孩子可能会在某一天提出来："妈妈，我要玩《大话西游》。"因为他看见隔壁的小哥哥小姐姐在玩，心理学有一句话："你的语言就是你的魔咒。"当孩子第一次向你提出要玩电脑游戏的要求时，该怎么说呢？这个语言如果弄错了，就会导致将来的麻烦。我们的标准答案既不是说"你还小，不准玩"，也不是说，"好，现在就给你买"。标准答案是："孩子，你是不是真的想玩？哦，是真的想玩。那买了以后你是天天玩，还是只在星期六、星期天玩？"因为电脑还没买，而孩子又有强烈的愿望和要求，你就占主动了。孩子知道要是说天天玩，爹娘就不会给他买，为了顺应父母的意思，他会说：周六、周日玩。继续问："周六、周日，你是玩一整天，还是每天只玩两个小时？"孩子运用他们的智慧：周六、周日，我只玩两个小时。"宝宝说话算数不算数？""肯定算数！"你甚至还可以做些交换条件，"你都5岁了，怎么手绢还不自己洗呢！"——哦，妈妈你放心吧，这个星期，我一定自己洗手绢。——"好，只要你坚持一星期，周末妈妈就带你去买电脑。"这是第一个程序：诱导玩的动机。

即使你的孩子不提此事，你也要在12岁以前诱导他玩，在青春期以前，把他良好的习惯培养起来。买了电脑以后一定还要有人盯上一段时间。比如，电脑买回家，你说："孩子你说过的，一天玩两小时。"然后，爹出门钓鱼，娘出去打牌。90%的孩子都会控制不住，电脑游戏多好玩啊，家里又没人监督和约束，很多人性弱点就表现出来了，但是，在有人监督和约束的条件下，就会表现出很多人性的优点。心理学上讲任何习惯的养成至少需要三个月，就是悟性特别好、特别乖的孩子，也至少需要一个月的时间。电脑买回家以后，三个月以内，每个周六、周日必须有人在家。有些父母告诉我：我晚上8点打电话回家，问电脑关了没，孩子说早关了。我夜里12点回家摸摸，电脑还是热的。那只能怪你，为什么12点才回家？父母早上8点走，夜里12点才回来，孩子不玩12个小时才怪。所以，家里一定要有人约束他。

作为约束人爷爷、奶奶不行，姥姥、姥爷也不行。当孩子在家玩电脑，到了时间又不关机的时候，老一辈就没办法了。这表面看是爱孙子，实际上，是对孙子一种极端的危害。道理上，他们可能明白，但根本做不到。父母不应该把教育孩子的责任寄托在爷爷奶奶身上，只能靠自己。责任人一定要明确，不能有一搭没一搭，谁有空谁管，这种情况下，孩子不仅仅是网络的问题、电脑的问题，什么样的问题都有可能出现。

比如，孩子玩电脑的时候父母在家，说好的两个小时，有60%的孩子会按时关机，这是占主体的。还有40%的孩子是不会按时关机的，这种情况下，很多父母又没辙了，他们其实是缺少对人性的理解。有家长很不满意地找到我："周教授，你看看，他说两小时关机，就是不关，你能咋办?"有的母亲会说："你看看，买之前你自己说得好，玩两个小时就关机，我看你和你爹一样，就是说话不算数，就是说到做不到。"孩子确实没有按时关机，但是，作为一个良性的母亲，话不能这样讲，不能给孩子一个这样的定位。

甚至有个母亲愚蠢到这种程度："周教授，我这个孩子是小偷，我终于抓住他了。"我就问："你怎么抓住的。"她说："我们家经常放一些零钱在抽屉里，孩子今年七八岁了，过去也不丢钱，最近半年经常丢钱。我问老公，他说没有拿。我肯定没有拿。家里有个孩子，你说还能有谁？但是，我没有证据，最近我就把抽屉开了个口，放了点钱，躲在帘子后面观察，等了两天，孩子一伸手，我就跳出来，'终于抓住你了，你这个贼'。"这位母亲就给孩子这样一个定位——你就是一个贼。

现在有很多父母，他们不把孩子证明是无赖、是坏蛋，就不甘心。有很多家长对孩子的语言相当恶毒——"我看你早晚要进监狱"、"我看你就干不成什么大事"……世界上，对人类伤害最大的往往不是外在的，不是罪犯、骗子。比如，一个罪犯到街上行凶，最多两个小时，警察就会把他抓走；一个骗子，骗人三天、三个月，总有被识破的时候，但是，亲人之间的这种定位会带来无限的伤害，而且孩子是最当真的。那么，该怎么办呢？比如，离关机还有5分钟的时候，你可以到他房间拿些东西，转一转，给他一个暗示，让孩子知道父母在家，他会意识到快到时间了，会有20%的孩子按时关机。

还有20%是绝对不会主动关机的，这个时候，父母不要说，也不要骂，直接过去，按下电源，把电脑关掉就可以了。因为个性不一样，有些孩子属于强不稳定类型的，可能会哭、会闹、会打。父母不要跟他闹，要做的就是不去关注他。但是，有句话一定要说："孩子，我们说好的，每个星期玩两天，每次玩两个小时，今天是周六，你按时关机了，明天还可以玩，如果你继续闹，明天也玩不成。"孩子想到还有明天，大多数就不闹了。如果以前孩子有以"闹"的方式赢得胜利的习惯，你就必须用这种方式，改掉他爱闹人的坏习惯。

如何制止网络上瘾的方法都告诉给大家了，母亲要至少坚持三个月或半年的监督诱导，使孩子养成习惯：周末开机，玩儿

小时候的习惯就是理所当然

两个小时，关机。12 岁如此，18 岁如此……因为他习惯了，小时候的习惯就是理所当然。

一根拇指粗的绳子是拴不住大象的，但事实上大象都被这样的绳子拴着。奥妙就在于：养象的人在小象一出生就用此绳将它拴起来，小象自然不愿意受约束，它不停地挣扎，一个月、两个月、三个月……总也挣不开，四个月时它不挣，习惯了，一辈子这样。

教育方法适当，养成习惯，剩下你要做的就是在家悠闲地品着咖啡，等着孩子来向你报喜了。

孩子该不该有零花钱?

俗话说：有钱能使鬼推磨。那么，一个孩子该不该有零花钱呢?

最邪恶的是这样一种诱导——不要花钱，有钱的都不是好人。看你爹，就是有点钱才学坏的。可能你说的是真的，但是对你的孩子来说，他从小就知道钱是不好的，爸爸是因为有钱才变坏，和妈妈离婚的；爸爸之所以和妈妈生气，是因为爸爸有钱。孩子从小就敌视金钱，将来很难成为富人。你愿意让你的孩子将来受穷吗？不愿意就不要这么说。这个世界上，钱没有什么好不好的，压根儿就不是钱的问题，而是人的问题。要让你的孩子从小重视金钱，珍惜金钱，知道金钱的能量。

另一些家长认为：该买的东西都已经买了，给孩子钱他会乱花。我可以肯定地说，给孩子零花钱，他肯定是乱花的，因为他想要的东西和你想要的不一样。我们家长自己难道就不乱花吗？比如，有些女士买的衣服，我看着就不顺眼；但是周教授看不顺眼无所谓，只要我自己、我丈夫看着好就可以了。所以，孩子的钱怎么花，应该让他自己决定。

如果给孩子零花钱，应该怎么管理呢？是合理的给、不合理的不给；还是定时发放，自主支配？哪一个方法好？有的家长说要先判断是不是合理，现在很多家长也都是这样做的。孩子说：

“我要买一双阿迪达斯的球鞋。”你问:“多少钱呢?”“800 元。”这个要求合理不合理?“你怎么能这么做呢?小孩子不能追求名牌!不合理!”“哎呀,我们班有三个人穿,我觉得他们特别酷!可是不合理,怎么办呢?”“妈妈我想买羊肉串。”“不行,太脏了。”也不合理。什么才合理呢?“妈妈,我要买海淀区的数学辅导资料。”好,合理。

北京有一个小孩,就是这么做的:他到书店问老板:“海淀区辅导资料多少钱?”“12 元!”“打折吗?打完折几元?”“打 5 折,6 元!”这孩子就找到妈妈,要买海淀区辅导资料。拿到 12 元,给书店老板 6 元,回家对妈妈说“你看,资料我买回来了,定价 12 元。”孩子自己呢,净捞 6 元。妈妈看了还很高兴,好啊,你好好学习吧。这孩子心想:就你们这些大人,还跟我玩!

这个孩子在北京,私底下和许多学校的孩子串通,成立了一个“搞定父母一整套俱乐部”,相互之间就商量着怎么套父母的钱,还交流经验。当他们买辅导资料次数买多了,父母就问:“你买这么多资料,你做了吗?”他们就在上厕所的时候随便划上答案:“妈妈,你看我都做完了!”反正父母也不知道做的对不对。孩子们就这样相互商量着,搞定父母一整套,套父母的钱,买阿迪达斯!

洛阳的一位母亲说,我的女儿爱玩火,一天回到家里,我就闻到一股烟味。她正准备询问女儿,女儿却先问了:“妈妈,你有没有闻到咱们家有一股异味啊?”“有。”“你闻闻窗户那里是不是更重?”“好像是。”“那味道都是从窗户外面飘进来的!”更严重的是学校开运动会,妈妈去给女儿送午饭,看到孩子正带着耳机听随身听,还喝着饮料。这随身听至少得两百多元,饮料也得好几元钱,妈妈就问“这钱哪来的?”孩子赶紧把随身听塞给旁边的同学,“这是他的”。饮料呢?“也是他的。”

还有一位家长跟我讲:“哎呀,我最近丢大人了。孩子的老师打电话说孩子上辅导班没有交钱。”一问孩子,他说交过了。

我给老师打电话："老师啊，我孩子说钱交了，是不是您忘了？"老师说不可能，交钱的都发有收条，问问你孩子有没有。孩子说："是，老师写收条了，但是唯独没有给我写！"

现在的孩子们谎话连篇，其中一个重要原因是从钱开始的，而许多家长还没有意识到这一点。更可怕的是一些家庭的爷爷奶奶，偷偷给孩子钱，还说"你自己买一些零食啊，不要让你妈知道"，教孩子说谎。孩子上课的时候都在想，怎样骗父母的钱呢？

郑州外语中学有一个女孩子，长得很漂亮，学习很好，还是英语课代表。一天，偷了家里200元。妈妈一打她，就说不上学了！她的母亲就领着孩子来找我。我问这个女孩子为什么。她说："我学习好，又是学习委员，大家有什么问题都来问我，我就给他们解释，所以同学们都很喜欢我。每年过生日，同学们都会送我很多小礼物。可是别人过生日，我问妈妈要钱买礼物时，妈妈总是说我乱花钱，小孩子不要搞这一套！现在三年过去了，马上就要毕业，老是我过生日收人家的礼物，别人生日我什么礼物也没送。我觉得自己掉份儿！丢人！"于是快毕业的时候，她就拿了家里200元，把所有同学的礼物都买了。"反正拿都拿了，就这样了。"

大家觉得这个女孩子的要求合理吗？当然合理。孩子也是人啊，也有朋友，有他的社交圈，有心愿。那么，怎么把这个问题处理好，怎样让孩子上课不要动这种心思呢？让孩子不说谎，听话呢？

举个例子：这里有个圈，周围点上火，让一只小狗跳过去。狗肯定不会跳，没有哪个狗是天生喜欢跳圈的。但你可以引诱它，把圈的另一边放上牛肉，小狗一看，跳了过来，跳过来就给牛肉吃。时间长了，小狗看见圈就跳，跳了就有牛肉吃。以后即使你不给牛肉，它也会跳，因为它在这个过程中得到了快感，得到了成就，它已经习惯了。

我们一般和谁都敢吵架，和自己的爱人、母亲、同事都敢吵，但是我们一般都不和老板吵，因为老板给我们发钱。我们平时对谁的笑脸最多？对老板。所以不要小看钱的威力，在孩子的教育上一定要先处理好钱的问题。我建议，在城市发放的零花钱，小学生每周给7元，中学生每周10～20元——家长可以根据家庭情况决定——定时发放。他买什么不要管，由他自主。很多家长说，这个办法不行。钱给孩子，不到半个小时他就花完了："妈，我花完了，还要。"

没有哪只狗是天生
喜欢跳圈的，除非有肉吃

这时就有第二个原则：养成一种习惯至少需要三个月。你不要想着一天一周就能养成良好的习惯。当孩子对你说钱花完了的时候，你可以说"哎呀，儿子花钱本事不错啊，比你爹都快……"可是，孩子说还想要的时候，你要坚持："说好了，每周10元的，下周再给"一定要有定力，坚持住。

两个小孩子一起走路，都摔倒了。第一个妈妈赶紧扶起孩子，第二个妈妈走到孩子面前，让他自己爬起来，哪个妈妈心狠一点？第二个。哪个妈妈真爱孩子？也是第二个。教育孩子的第三个原则，在30%的情况下，要狠，千万不能心软。

这个阶段，一定要和全家人协商好，尤其是爷爷奶奶姥姥姥爷，谁负责孩子学习，谁就给孩子发钱，因为负责孩子学习的，对孩子哪里需要用钱很清楚。发完了，谁也不能再给。

再讲下一个原则。我们中国，害孩子最多的不是爸爸妈妈，不是老师，不是罪犯，是爷爷奶奶。爷爷奶奶对孩子的危害最大，他们可以破坏我们教育孩子的一切成果。比如，孩子说了"奶奶，我要吃零食，妈妈不给我钱"。"你要吃什么，奶奶给你钱，去买吧。别让你妈知道！"所以，我们教育孩子，要让周围所有可能给孩子的钱的人都知道，一定要守规矩。

这样下来，孩子就知道了，半个小时内把钱花完，一周内什么都没有了。三个月下来，他就会注意，养成好的习惯。

孩子会这样算计：一周七元，每天吃一个一元的雪糕，还想买本书《老夫子》四元，不够用，怎么办？他到书店和老板讨价还价，三元五角成交，可以看一个礼拜，挺有意思的；还剩三元五角，一天吃五角一个的小奶糕，正好吃七天！这七天有看的有吃的，也不错。你的孩子开始学会仔细地算账，有计划地用钱，延迟满足，压抑自己过多的欲望，也不说谎话了。有试验过的家长说，孩子真的是这样：全家一起上街，买雪糕，问吃什么，就吃甜筒，一元五角，因为是妈妈掏钱。"不行，你自己掏钱"，那就改吃小奶糕了。人类就是这么奇怪，钱放在娘的兜里，就是公有制，放在自己的口袋里，才是私有制。

但是，还有些孩子会撒泼。比如，孩子现在说"妈妈我要买香蕉"，你刚说不行，他就开始撒泼。你穿着时尚，是知识女性。孩子在街上撒泼，周围有人围观，你就受不了了："快起来吧，这次给你买，下不为例。"孩子就养成了习惯：闹！

有个家长说，她现在是被孩子控制着。只要家中一来客人，孩子就积极地去开门："阿姨，请进！"客人一进门，孩子就伸手："妈妈，我要吃雪糕。"要是不给，孩子就伸手向客人要，"阿姨，给一元钱好不好？"。家长说："他这么搞一回，就控制住我了。"

做父母的千万不要被你的虚荣心控制住。孩子在地上撒泼，你该怎么办？这个时候不能不好意思。许多家长一走了之，但是有几个真走的？走得越远，孩子哭声越大，最后，你回来了，他不哭了，他就知道你会回来，斗争胜利了。你一定要丢开面子，比他还泼：“大家都来看啊，看谁家的孩子躺在地上这里撒泼呢？这么没有教养！”孩子叫你“妈妈”，你要说“我才不是你妈妈呢，我的孩子不会这么没教养！”当孩子伸手向客人要钱时，你一定要向客人说明：“我的孩子现在养成了一个坏习惯，问客人要钱，你一定不能给他。”告诉孩子：“我也不怕丢人了，怎么样！看谁厉害。”到了这种时候，做父母的一定要坚持住，因为孩子早晚会有这一回不合理的要求被拒绝。

也有些父母说，不愿意给孩子零花钱，因为孩子买的那些小玩意儿、羊肉串、劣质玩具的确很脏，我是不愿意他受到伤害。现在的家长对孩子，洗手一定是“舒肤佳”香皂，喝水一定是纯净水，餐具一定是消过毒的。可是等到孩子将来离开家，上了大学，谁给他准备纯净水、准备“舒肤佳”呢？将来到大学拉肚子最多的、最不适应大学生活的，就是你的孩子。我们一定要把孩子当人养，而不能把他当作一个“保护物种”来养，你的孩子应该能喝正常的水，能吃正常的饭。

到了星期五，你买了菜，想让孩子搬到楼上。他张口说“不”时，会想起“明天该发钱了”，就会尽力讨好你：“好吧，那我现在就去！”有很多事情，你一说，孩子就听了。这种情况不是100%，但是起码有30%情况下会因零花钱而起作用的。

在孩子3岁时，要开始洗自己的袜子和手绢；4岁开始让他整理自己的房间；5岁就应该教他吃完饭以后擦桌子；从6岁开始，就应该每个星期抽出半天陪孩子出去玩，雷打不动——刚才有家长说，教授，你的办法不行啊，我的孩子你叫他出去都不跟你出去了，我问你孩子多大了？一个14，一个16，一个17——所以，6岁一定要开始。

7岁的时候，要开始培养孩子英语的语感，可以用动画片的形式引导孩子——找一个孩子最爱看的动画片：假期每天看动画片，每天要读上5句英语。开始的一个月要有家长盯着孩子学。一周到三个月的时间，孩子基本上就可以养成读英语的习惯，逐渐锻炼出孩子的英语语感。不要让孩子苦学英语、写单词、背语法，就用动画片的形式去诱导。

小学的时候，一定要找一个数学好的老师为孩子补一个假期的数学课，让孩子不恐惧数学。14 岁以前，一定要和孩子共同讨论 5 篇作文，让孩子不害怕作文。14 岁以后，你就可以天天品着茶、喝着咖啡，等着孩子向你报喜啦！实际上，这些事情花的时间并不多，加起来一共可能有半年时间，就终生足矣。但是这些习惯不养成，等到孩子出现问题：作文不会写了、数学公式记不住了、英语得倒数了，再回头补啊补啊，就不好办了。像养大象一样，让孩子从小把好习惯养成，长大了家长就会非常轻松，孩子也会走在同龄人的前列。

当然，首先要从零花钱开始，有钱能使鬼推磨，有零花钱的孩子更听话！

世界上什么力量最强大？

世界上最强大的力量是——爱！

那么，“爱”是虚的，还是实的呢？每当我问到这个问题的时候，有一多半的人会回答——实的！因为我们实实在在可以感受到爱的存在。像母亲为我们做好吃的饭菜、为我们的成长不辞劳苦，这些都是对孩子爱的表现。但是，科学的三要素是：具有普遍性、可重复、可量化。我们能不能测一测母爱是三公斤，还是两公斤？能不能测一测爱情是几赫兹？爱永远不可能被量化、被测量，所有的爱都是非科学、盲目的，永远是一种抽象的东西。内在、抽象的东西归根结底都是虚的东西。

当一个人爱上另一个人，智商就基本上等于零了。中国古代结婚的“婚”字没有女字边，就了昏了头的意思，只有“昏了”才能结婚；在你还能评价他，还能谈论他的身高、爱好，还讲条件的时候，就不是真爱。那么，是“虚”有价值，还是“实”有价值？“虚”不可测量、盲目、非科学，但有它更有意义、有价值、有力量！

一位年轻的母亲外出买菜，回家走到楼下正好看见小儿子在四楼阳台上张望，她的心立即悬了起来。孩子看见妈妈，一时高兴，从楼上翻落下来，这时，会发生什么呢？母亲扔下菜篮，朝儿子坠落的地点冲过去，在最紧急的一秒钟接住了孩子，这个速度超过了专业运动员。许多媒体报道了此事，大家又做了一个实

母爱创造奇迹

验,将一个假娃娃从楼上扔下,让母亲再去接。她却再也跑不到原有的距离,再也接不住“孩子”。

什么力量能让母亲接住高楼坠下的孩子,科学技术达不到、伦理道德达不到,只有人类本性当中爱的力量可以创造奇迹。我们平时很少动用这个本性去做事。同学之间有了矛盾,你能不能爱他?我们只以为用知识、用技巧可以办事,用诡计、用关系可以解决问题,到了任何方法都解决不了的时候,不妨用爱的力量来试一试。

举个例子,有天晚上,你心情很好,和同寝室的女生一起到学校附近的陈寨去散步。正走着,忽然一个小流氓盯上了你,“好啊,当年我考财院就没考上,现在连个工作也没有,你们倒过得快活,看我放狗咬你!”他放出手中牵着的黑贝狗,狡猾地看着你笑。你们看见狗,什么都不想,转身就跑了,一口气跑回学校。校长听说此事,觉得很没面子,堂堂大学生怎么能让个小流氓欺负成这样!他找来教练对你们进行了一个月的训练——如何擒拿黑贝狗。再见到狗你的第一反应是什么?还是跑!怎么学都没用。10年后,当你领着孩子回到母校参加校庆,路经陈寨,又遇见当年那个小流氓,他更气愤了,“啊!生活得挺好啊,孩子都有了,气死我了。”再次放狗咬你,你会怎么做?说什么也不会跑,即使被狗咬伤也不跑,首先是护住孩子,再考虑怎样和孩子一起安全离开。这就是爱的力量，是人生中最宝贵的财富。

大家有没有动用过爱的力量、用爱的方式来做些什么？今天布置一项作业：回家亲手为妈妈倒一杯水。

我问大家：放假回家，天天刷碗的有几个人？举手！——5个。每逢假期，你们带回去床单、衣服、袜子、被罩，堆了一大片让母亲洗，妈妈有多伤心！吃饭的时候，你说什么？"又是这些菜，难吃死了！"一个女人，丈夫偶尔才回家，孩子偶尔回家还对她漠不关心，只知道使唤妈妈，她活着就没有乐趣，就容易得高血压。对往届所有的学生我都提倡"一杯水"疗法。晚饭过后，你主动收拾碗筷，把碗洗干净，天天如此。然后，倒一杯水，说两句话："妈妈，您辛苦了。妈妈，我挺喜欢你的。"不要"唏"，连这么简单的两句话都说不出口，你们还像个人样子吗？35%以上的高血压是因为缺乏爱，实际上，孝心并不需要等10年。不要想着有了工作、有了钱、有了地位再对父母好。现在就学说人话：妈妈，您辛苦了！妈妈，我爱您！今天是个开始的机会，把你们变成人。

机会已经过去了，没有说出口的同学，你们应该好好想一想。很多孩子一辈子都做不成事，他们训斥老妈可以，埋怨老妈可以，说一句温情的话，仅仅只是人说的一句话，比杀了他们还难。你们已经变成了魔鬼一样的人，即使读的书再多，将来也不会爱自己的丈夫，不会爱自己的孩子。

我看见：有人已经被打动了，眼泪在眼眶里转。

想想，你的妈妈喝了这杯水是什么感觉？——甜！假期，你在家里收拾屋子，每天洗碗，给妈妈倒水，等你走了，她会觉得活着很有价值。你完全可以做到这些，而且只有你可以做到。很久以来，我们把"生而知之"的东西扔得太远了，这些才是人与生俱来的成分，决不可丢，而知识永远都不是第一位！

从开学以来，黑板从来没人擦过，你们谁能喜欢喜欢我？让我心里也高兴高兴？

沉默了许久，才跑上去一个又高又瘦的男孩子，认认真真把黑板擦得干干净净。

你们都有擦黑板的能力，也想帮助老师，可是，许多人顾虑重重，脑子里不停地斗争，到底上去还是不上去？大多数人不去做、不敢做。刚才的男同学，你叫什么名字？没有男朋友的女孩子注意了，他是个合适的人选。我在这里提倡一个公式：Do>Think。什么事情不做就永远不可能成功。

回到主题，我们看到，爱的力量是多么强大！那么，有没有什么力量比爱更强大呢？——信仰。

一个人信什么，从某种意义上说，将决定他的前途命运。最典型的例子就是江姐，她的信仰就是共产主义。当她的丈夫被敌人杀害、孩子嗷嗷待哺的时候，她只要说一句“我愿意放弃共产主义信仰”就可以获得自由，哺育自己的孩子长大。可是，她坚定了自己的信仰，最终没有说出违背信仰的话。敌人拿竹签插入她的指甲，十指连心啊，这是常人无法想像的痛苦，可江姐一直到被敌人杀害，都没有放弃自己的信仰。还有邱少云、董存瑞等等，如果没有坚定的信仰做后盾，他们的行为根本无法解释。

让我们来看看信仰的作用。

你们平时节水不节水？有的同学早上去卫生间，把水龙头拧开，然后去厕所，等出来的时候盆里已经盛满了水，他们认为这样节省了时间，可以用来学习、背单词。但是，出来的时候，接了几盆水了？N盆了吧。自以为节约了时间，却浪费了水，因为你们没有信仰。

假如是一个老太太，她信佛，会怎么做呢？她洗脸可能只用三分之一盆的水，然后再洗脚，洗袜子，冲厕所。以最小的代价获得最大的效益。因为她有信仰。你们有没有听说过，有些地方人去世了以后，子女们送终要送“老盆”，它下面专门挖了个洞。因为人死了要到天上或地下受审判，要把生前浪费的水全部喝下去。孩子们孝顺，就送盆子，并在底下凿开洞，可以一边喝一边漏，少喝一点。你们说这是真的还是假的？

大家异口同声："假的。"

不要急于回答——假的。你怎么知道是假的？谁真的去看过？——"那是真的。"谁说是真的？我可从来没说过是真的？按你们的理论非真即假。问一个姑娘爱不爱你，她没说不爱你，就是爱你？很多人非常武断，把自己想像的事情当作真的。

到底是真的还是假的呢？——不知道。不知道就说不知道。谁也没有经历过这件事情。今天补上这一课：学会说不知道。

2002年，世界科学大会宣布，我们人类对世界的了解不足1%。世界上的事不是非此即彼，彼此之间还隔着一个大西洋呢，大西洋里有多少生物！不知道的事情我们只能靠信。不是世界上有没有佛，而是你信有佛这件事是真的还是假的。我们所面对的事情99%是靠信的，因为人类对世界的了解也只占1%。

最强大的国家是美国，历任美国总统上台前的就职演说都必须要引用《圣经》，示意这是上帝的意旨和安排。美国历任总统演说的共同点就是印证自己是信仰上帝的。爱威尔：美国来源于上帝。里根：美国是上帝特地安排的土地，在亚欧之间。卡特：最近几年，我一直和上帝保持着良好的关系。……

列宁说过："正视宗教及各种文化。"信仰的力量十分强大，即使你们现在不能理解，那么，先不要过早否定，可以讲给你的儿子、孙子们，也许他们用得着。

后记

我校心理学教授周正先生(我的老师),学识渊博,经验丰富,温和潇洒,风度翩翩,最重要的是浑身都透着成熟男人的魅力。十几年来,学生从老师中评选出校园"四大才子",周老师始终名列首位。此排名未经官方认证,只是在校园里口口相传,经久不衰。有女生给他送过花,送过电影票,送过情书……学校里传言纷纷,他成了学生眼中的神秘人物。真正的大学生敬重他,追逐他的讲课。对他最差的评价就是:他的课确实讲得很好,非一般老师可比。

每次课前40分钟,等待占座位的学生就从三楼报告厅门口排到了二楼走廊。有一次,我跟随大队人流向里涌,走进入口,努力寻找,发现所有的位置上都已有人或有书。更糟糕的是,我连返回的权利也没有,而是被涌动的人群从出口挤了出来。这绝不是夸张!每周最令我难忘的事就是可以坐在第一排听周老师的讲课(提前1小时占座位),不错过他每一个睿智明亮的眼神和亲切迷人的微笑。

如果,遇到周老师,是上帝的恩赐,那我愿做上帝的天使,播撒我的幸运,让更多的人感受到心理学的魅力,从中受益。

杨伟涛先生所绘的插图,使我的笔记增色不少,在此表示衷心的感谢!